基金项目:国家自然科学基金项目(62061006),智能电网供电下 EH 蜂窝网络的动态能量管理研究

EH 无线通信网络的
传输调度和功率控制

刘迪迪　著

哈尔滨工业大学出版社

图书在版编目（CIP）数据

EH 无线通信网络的传输调度和功率控制／刘迪迪著
. — 哈尔滨：哈尔滨工业大学出版社，2022.6（2024.6 重印）
ISBN 978 – 7 – 5767 – 0094 – 7

Ⅰ. ①E… Ⅱ. ①刘… Ⅲ. ①无线电通信 – 通信网 –
研究 Ⅳ. ①TN92

中国版本图书馆 CIP 数据核字（2022）第 109865 号

策划编辑 张凤涛
责任编辑 周一瞳
装帧设计 博鑫设计
出版发行 哈尔滨工业大学出版社
社　　址 哈尔滨市南岗区复华四道街 10 号　邮编 150006
传　　真 0451 – 86414749
网　　址 http://hitpress. hit. edu. cn
印　　刷 哈尔滨市工大节能印刷厂
开　　本 787mm×1092mm　1/16　印张 8　字数 200 千字
版　　次 2022 年 6 月第 1 版　2024 年 6 月第 2 次印刷
书　　号 ISBN 978 – 7 – 5767 – 0094 – 7
定　　价 68.00 元

（如因印装质量问题影响阅读，我社负责调换）

前　　言

随着移动用户及高速网络应用的爆炸性增长,信息通信技术产业的能耗及其伴随的碳排放量迅速增长。在能效和环境的驱动下,能量收集技术发展迅速,该技术将周边环境中的免费可再生清洁能源引入无线通信网络中,为绿色通信开辟了新的方向,因此受到了通信界的广泛关注。但由于 EH 受到各种因素的影响,从自然环境中捕获的能量具有间歇性和随机性,因此 EH 无线通信网络中如何高效地利用捕获的能量进行数据传输是具有实际意义的热点问题。

本书的具体工作内容如下。

(1)总结并深入研究了 EH 无线通信系统在特定场景下的最优传输算法,为衡量一般场景下的算法性能提供了一个基准。分别考虑了 EH 无线通信系统在事件(能量到达、信道衰落)的离线信息已知和统计信息已知的两种特定场景,并给出了相应的最优离线和最优在线传输算法。

(2)研究了一般场景下单独使用 EH 源的无线通信系统最优传输功率算法。EH 过程受到很多因素的影响,与信道衰落一样,都具有时变性,实际中很难获得它们的概率分布信息。因此,一般场景(能量到达和信道状态均为概率分布未知的一般随机过程)下的研究更具有实际意义。研究了这种场景下单独使用 EH 源的无线通信系统最优传输功率算法,以最大化系统的吞吐量,为 EH、信道状态概率分布难以统计的无线通信系统提供了一种有效的传输方案。

(3)研究了由 EH 源和电网混合供电无线通信系统在一般场景下的传输调度及功率分配优化算法。对于大功率无线通信节点,如基站,为保证通信的服务质量,传统电网作为能源补充的混合供电方式起到了重要作用。考虑了在能量到达、数据到达、无线传输信道均为一般随机过程的一般场景下,首先构建单用户混合供电无线系统的数学模型,然后在此单用户模型基础上扩展到多用户模型,给出了满足每个用户时延要求的动态功率分配方案和调度优化算法,以最小化系统从电网的能耗。

(4)研究了 EH 基站在智能电网时变电价下的基站模型和动态能量管理方案。综合考虑了智能电网电价的时变特性及基站能量收集、能量需求的随机性,构建一般场景下智能电网作为能源补充且配备储能设备的 EH 基站模型,基于李雅普诺夫优化提出了基站非弹性能量需求和弹性能量需求两种情况下基站能耗成本最小的动态能量管理算法。

（5）研究了蜂窝网络中混合供电基站的能量协作方案。对蜂窝网络中具有能量捕获功能的基站，基于基站间相连的电力线共享各自捕获的能量，提出了基站能量协作的数学模型。考虑到能量传输损耗及电池容量受限的情况，运用线性规划、贪婪算法和李雅普诺夫优化，基于各基站能量捕获和消耗特性，分别提出了离线场景、一般场景和能耗允许时延三种情况下的能量协作算法。

（6）研究了多个 EH 基站在时变电价下的能量协作模型和实时能量协作算法。考虑了基站所处的地理位置不同带来的能量收集的差异，以及各基站的任务和能力差异，其储能电池容量受限，构建属于同一移动通信运营商（如中国移动或中国联通）基站在智能电网时变电价下相互分享 EH 能量的协作模型。根据各基站的状态及智能电网当前的电价，基于李雅普诺夫优化提出了基站非弹性能量需求和弹性能量需求两种情况下的实时能量协作算法，其目的是提高收集的免费能量的利用率，最小化基站从智能电网能耗成本的总和。

本书主要研究了 EH 无线通信网络的传输调度和能量管理优化算法，其宗旨是充分利用收集的清洁能量，减小传统电网的能耗，以最大化通信系统的性能和捕获能量的效率，从而降低无线通信网络的非可再生能源能耗和成本，减少二氧化碳的排放，为解决不断增长的通信需求与低能耗目标之间的矛盾及设计并实现绿色通信提供理论依据。同时，作为无线通信网络电网的消费者，积极参与需求响应有利于稳定电网的运行。

限于作者水平，书中难免存在疏漏及不足之处，恳请广大读者批评指正。

刘迪迪

2022 年 2 月

目　　录

第1章 绪论

1.1 研究背景及意义

近年来,全球正面临着日益严峻的能源危机和环境问题,降耗、节能和减排成为当今世界性的共识和使命。随着移动用户及高速网络应用的爆炸性增长,信息通信技术产业的能耗及碳排放所占的比例迅速增长。研究表明,未来十几年全球移动数据流量将持续飞速增长,而中国的移动数据流量增速高于全球平均水平,发达城市及热点地区的移动数据流量增速更快。据统计,近年来通信行业平均每年能源消费总量累计727.81万 t 标准煤,增幅不断上升。然而,无线网络的能源消耗占通信网络总能耗的77%,核心网占13.80%。据报道,每年蜂窝网络消耗的能源为600亿 kW · h,而无线接入网络的能耗占移动通信网络能耗的80%。据《纽约时报》估计,全世界范围内所有数据中心消耗的总功率高达3 000万 kW,与30座核电站的产电量相当,这将直接导致每年排放若干亿吨二氧化碳。因此,能源消耗问题是未来通信迫切需要解决的问题,进行移动通信系统的节能减排,特别是无线通信接入网络的节能、提高能量使用效率具有非常重要的实际意义。

面对无线通信网络节能减排和提高能量使用效率的需求,能量捕获(energy harvesting,EH)技术能够从周围环境中收集清洁能源,将可再生分布式能源引入无线通信网络中。该技术脱颖而出,成为一种很有潜力的解决方案,并为绿色通信开辟了新的方向,受到了通信界的广泛关注。

EH 设备根据所处的环境采用合适的 EH 方式,将周围各种可用的能源转化为电能直接供通信网络节点使用,或将其保存在可充电电池中供再通信网络节点随时使用。可用的能源包括太阳能、风能、电磁、生物能、海洋能、地热能等自然资源,随着无线能量传输技术(wireless energy transfer 或 wireless power transfer,WET 或 WPT)的发展,甚至可以实现从电磁波中捕获能量。EH 的各种能量源如图 1.1 所示。由于从可再生能源捕获的能量是清洁免费的,因此将 EH 技术运用到无线通信网络中,从一定程度上将能量供应方式从传统的石化燃料方式拓展到清洁能源方式,可减小传统能源的消耗及其伴随的碳排放,有益于环境保护,并能有效降低网络服务供应商的运营成本。

相比于传统电网供电和非充电电池供电的通信网络,具有 EH 功能的无线通信网络还具有能量自足、持续运行、节点移动不会因传统充电而受到限制、不需要更换电池等特点,因此可部署到传统网络很难达到的地方。例如,在无线传感器网络中,节点采用 EH 技术,不需要反复更换电池,可部署在火山周边、有毒气的环境中甚至人体内。对于基础设施比较落后、电力供应目前还不能到达的偏远地区,要在这些地方进行无线通信目前仍旧存在困难,但是运用 EH 技术并配备大型的蓄电池将捕获的能量存储起来给基站可持续供电,能够有效解决偏远地区的无线通信系统的搭建和运营维护问题。当发生自然灾害时,电力通信设施供电有可能被切断,运用 EH 技术快速搭建临时通信系统进行灾区紧急灾害信息的传达会对抢险救灾起到重要作用。

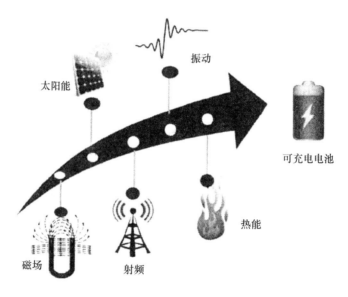

图 1.1　EH 的各种能量源

对于大功率通信网络(如蜂窝网),EH 作为唯一供电源不能保证其稳定性和可靠性。为保证大功率通信网络的可靠运行、满足用户的服务质量要求,EH 源与传统电网互补的混合供电无线网络引起了科学工作者的极大兴趣。目前,华为等公司已经开发了具有混合供电源(EH 源与传统电网联合供电)的基站,如图 1.2 所示。在 5G 网络中,支持小区服务和异构网络的各基站被密集部署,为减轻传统能耗、保护生态环境,以 EH 源供电为主、固定电网供电作为补充的混合供电方式将起到重要作用。对于混合供电无线网络,如何通过能量管理、功率分配及调度优化,在满足服务质量的前提下使其尽可能地利用收集的清洁廉价能量,最小化无线网络使用传统电网的电量,减少二氧化碳的排放,是当前研究的热点问题。

将 EH 技术应用到无线通信网络中是解决网络能耗问题的绿色可行方案,同时也面临诸多挑战,集中表现在以下方面。

（1）由于 EH 受天气、位置、气候等多方面的影响,因此系统可用的 EH 能量具有间隙性和随机性。

（2）系统可利用的捕获的能量受到因果约束,即当前时刻不能使用未到达的能量。

（3）能量存储设备容量受限。

在具有 EH 功能的无线通信系统中,系统可用的 EH 能量在时间和数量上都是随机的,与 EH 到达过程一样,到达发射机的数据包也具有随机性。此外,无线信道因衰落而随机波动,若处理不好网络中的这些随机因素,则无法保障能量使用效率和数据传输的服务质量;若处理不好存储设备的容量约束,则超出充电电池容量的能量或超出数据缓存器容量的数据都将被丢弃,能量不足时将导致数据传输服务中断。因此,有必要设计一种新的传输机制,使其最大程度地适用于能量随机到达,并应对信道状态的变化,使其高效利用捕获的能量,减少无线网络从传统电网的能耗,同时又能保证网络的服务质量,这些都给在无线通信网络中使用 EH 技术带来了挑战。因此,EH 无线网络中存在需要迫切解决的传输调度和能量管理等优化问题。

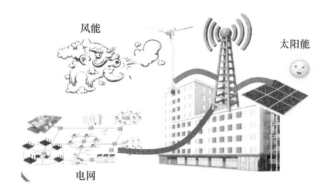

图 1.2　具有混合供电源的基站

1.2　国内外研究现状

目前,很多文献对不同的无线网络节能减排和能效展开了研究,这些无线网络从供电电源上分为恒定电源供电无线网络、EH 源供电无线网络和混合供电源供电无线网络等。恒定电源供电无线网络有传统电网、发电机、电池等,对这类无线网络的能效优化研究通常是将电源看成理想电源,不需要考虑能量的约束;EH 源供电无线网路一般是数据流小、功耗低的网络,如传感器网络、ad hoc 网络等;混合供电源供电无线网络是指多种类型的能源同时供电,不同类型的能源起到互补作用的网络,如 EH 源与电池混合供电、EH 源与传统电网混合供电和 EH 源与智能电网混合供电等。

近年来,国内外对具有 EH 功能的无线通信系统的研究包括单独使用 EH 源供电系统及混合供电系统。针对 EH 过程的随机性,通常设计功率控制策略最优化节点捕获的能量效用。EH 过程的模型有漏桶模型、伯努利模型及有限状态的马尔可夫(Markov)模型。

从优化方法上分,目前现有的研究主要分为离线优化方法和在线优化方法。离线是指系统已知能量到达的时间和数量,以及无线信道状态变化的先验知识;在线是指能量的到达和信息是有规律变化的,即可获知变化的统计信息(如概率分布),但是不能提前获悉准确信息。

现有的在线优化方法多数将 EH 无线系统建模为 MDP 模型,在求解中假设 EH、数据到达和信道状态的概率分布是先验已知的,即系统的概率转移矩阵已知,通常采用策略迭代算法和值迭代算法求解。然而,在实际的系统中,EH 无线系统的转移概率通常不能预先知道,所以不能很好地应用于实际的资源调度问题。此外,基于强化学习的算法不依赖于系统的转移概率矩阵,但是算法性能和收敛速度与 MDP 模型的状态空间大小密切相关,已有算法通常将系统问题建模为有限可数个状态,以提高算法的收敛速度,这样就降低了算法的整体性能。

综上所述,已有的研究方法(离线优化和在线优化)主要针对离线场景和统计特性(概率分布)已知的场景,这些算法均属于特定信息条件下优化传输策略。由于 EH 受各种因素影响,因此很难预测未来 EH 的准确信息,其统计特性有时也很难获得。此外,数据到达及无线信道的衰落变化与 EH 过程一样都具有随机性,对一般场景(统计特性未知)下的 EH 无线通信系统优化研究则更具有实际意义和普适性。目前国内外对具有 EH 功能的无线系统在一般场景下的功率分配和调度算法尚未深入开展,因此有必要进行细致研究。

1.3 本书的主要工作

本书从特定场景下的 EH 无线通信系统到一般场景下的 EH 无线通信系统,从单一使用 EH 能源的无线通信系统到混合供电的无线通信系统,从混合供电无线通信的单节点到混合供电无线通信多节点,从点到面,层层深入。本书的研究思路框图如图 1.3 所示。

本书的主要工作概括如下。

(1)总结并深入研究 EH 无线通信系统特定场景下的最优传输调度算法,包括离线

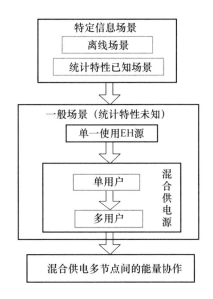

图 1.3 本书的研究思路框图

场景和统计特性已知的场景,其目的是为其他场景的算法性能提供一个衡量基准。离线场景下假设已知能量到达和信道衰落的确切信息,基于 EH 因果关系和电池容量约束,通过控制传输功率的时间序列,以最大化无线通信系统某个时间期限内的吞吐量或最小化发送给定数据量所需的时间。从理论上分析电池容量有限和无限的情况对静态信道和衰落信道下算法的影响,然后研究统计特性已知场景下的最优传输调度问题,该场景下假设能量到达和信道衰落概率分布是已知的。构建符合能量到达和消耗的 Markov 模型,设计 EH 无线通信系统的最优在线策略,并介绍一些复杂度低的次优策略,在不同的配置下用数值仿真对离线和在线最优、次优算法的性能进行对比。

(2)研究一般场景下单独使用 EH 源的无线通信系统最优传输功率算法。EH 过程受到很多因素的影响,与信道衰落一样,都具有时变性和间歇性,实际上很难获得它们的概率分布信息。考虑 EH 和信道状态均为一般随机过程(概率分布未知)的一般场景,研究这种场景下单独使用 EH 源的无线通信系统最优传输功率算法以最大化系统的吞吐量。建模过程中考虑了能量存储效率及电池漏电的情况,将该场景下 EH 无线系统吞吐量最大化问题规划成随机优化问题,基于李雅普诺夫(Lyapunov)理论提出了一种复杂度低、易于实现的动态传输调度算法,理论证明所提出的算法可使优化目标无限趋于最优,数值仿真进一步验证了所提算法的有效性,为 EH、信道状态概率分布难以统计的无线通信系统提供一种有效的传输方案。

(3)研究 EH 源和电网混合供电无线通信系统的功率分配和调度优化算法,其目的是最小化系统从传统电网的能耗,以减少二氧化碳的排放,为大功率无线通信系统的节能减排和保证通信服务质量提供理论支撑。首先针对单用户混合供电无线系统,考虑能量到达、数据到达、无线传输信道均为一般随机过程的一般场景,构建满足电池容量受限且电池漏电的数学模型,基于 Lyapunov 优化设计单用户系统在一般场景下的动态功率控制方案和供电源调度算法。在此场景和约束下,扩展到多用户混合供电无线系统,将多用户间的传输调度和功率分配问题转化成功率矢量决策问题,设计满足每个用户时延要求的动态功率分配方案和调度优化算法,包括多用户之间的传输调度和供电源的调度。对设计的算法从理论上进行性能分析,并用仿真对比验证算法的有效性。

(4)研究 EH 基站在智能电网作为能源的补充情况下的模型构建和动态能量管理方案。针对智能电网中电价的时变性,综合能量收集、能量需求、时变电价均为一般随机过程(概率分布未知)及电池容量有限等情况,构建智能电网作为能源补充的 EH 基站模型。基于 Lyapunov 优化提出基站非弹性能量需求和弹性能量需求两种情况下基站能耗成本最小的动态能量管理算法,包括从不同能量源获取能量的调度问题,以及根据电价和当前状态,实时决策从智能电网购买多少能量存储在充电电池中以备电价高且收集的能量不能满足需求时使用,从而降低基站的能耗成本。从理论上分析算法的有效性,并通过仿真进行验证,最后分析电池容量大小对算法性能的影响。

(5)研究蜂窝网络中混合供电基站间的能量协作方案。对蜂窝网络中具有 EH 功能的基站,基于基站之间可通过相连的电力线共享捕获的能量,构建基站间能量协作模型。考虑到能量转移损耗及每个电池容量受限的情况,运用线性规划、贪婪算法和 Lyapunov 优化,基于各基站能量捕获和消耗特性,分别提出离线场景、一般场景和能耗允许时延三种情况下的能量协作算法,其目的是最小化基站从电网消耗的能量。数值仿真验证了提出的算法的有效性,并分析了能量转移损耗、电池容量大小对能量协作下基站性能收益的影响,为蜂窝网络中混合供电基站在不同场景下提供了有效的能量协作算法。

(6)研究多个 EH 基站在时变电价下的能量协作模型和实时能量协作算法。考虑基站所处的地理位置不同带来的能量收集的差异,以及各基站的任务和能力各异,其储能电池容量受限,构建属于同一移动运营商(如中国移动或中国联通)的基站在智能电网时变电价下相互分享 EH 能量的协作模型。根据各基站的状态及智能电网当前的电价,基于 Lyapunov 优化提出基站非弹性能量需求和弹性能量需求两种情况下的实时能量协作算法,其目的是提高收集的免费能量的利用率,最小化基站从智能电网能耗成本的总和,从理论和仿真上验证算法的有效性,最后分析电池容量及传输效率对算法性能的影响。

1.4 本书的组织结构

本书主要分为 9 个章节,各章节的具体内容如下。

第 1 章为绪论,阐述了 EH 无线通信网络研究的背景及意义,从研究内容和研究方法两方面分别介绍了相关的研究成果,最后概括了本书的主要工作。

第 2 章总结并深入研究了 EH 无线通信系统离线场景下的最优传输优化算法。

第 3 章针对 EH 和信道状态统计知识已知的情况,研究了 EH 无线通信系统的最优在线传输算法,基于系统特点构建 Markov 模型,采用动态规划的方法求解,以最大化某个时间期限内传送的平均比特率。为减小最优在线算法的复杂度,介绍了一些次优策略,最后在不同的配置下通过数值仿真比较离线、在线及次优算法的性能。

第 4 章研究了一般场景下 EH 无线通信系统的传输功率优化算法。在无法获取 EH 和信道状态的概率分布情况下,基于 Lyapunov 优化提出了一种通用的动态功率控制算法。理论证明,所提算法可使系统吞吐量无限趋于最优,最后通过仿真实验验证所提算法的性能。

第 5 章研究了混合供电无线通信系统单用户和多用户的动态功率分配和调度优化算法。在无线传输信道、能量到达、数据到达具有随机性的条件下和电池容量、数据缓存容量受限的条件下,研究了该类系统的功率分配和调度优化算法。在满足用户时延约束的条件下最小化传统电网的能耗,从理论上对算法的性能进行了分析,并通过仿真验证了算法的有效性。

第 6 章研究了具有能量收集功能的基站在智能电网时变电价下的基站模型和动态能量管理方案,综合考虑了能量收集、能量需求、实时电价均为一般随机过程(概率分布未知)及电池容量有限等情况,构建智能电网作为能源补充的 EH 基站模型。根据此模型设计了单基站能耗成本最小的动态能量管理算法及求解储能电池最佳容量的选取方案。

第 7 章研究了蜂窝网络中混合供电基站间的能量协作算法,提出了蜂窝网络中基站间能量协作的新模型。运用线性规划、贪婪算法和 Lyapunov 优化,研究了各基站能量捕获和消耗特性在离线场景、一般场景及能耗允许时延三种情况下的能量协作问题,其目的是最小化基站从传统电网消耗的能量,并给出了相应的最优离线和实时算法。最后,通过仿真实验验证了所提算法的有效性。

第 8 章研究了多个 EH 基站在时变电价下的能量协作算法。考虑基站所处的地理位置不同带来的能量收集的差异、各基站的任务和能力的差异及储能电池容量受限,构建了属于同一移动运营商(如中国移动或中国联通)的基站间在智能电网时变电价下相互分享 EH 能量的协作模型。根据各基站的系统状态即当前电价,研究了多个 EH 基站基于实时能量分享的能耗成本总和最小的协作算法。

  第 9 章对全书进行了总结,并给出了对未来工作的展望。

第 2 章　离线场景下最优传输算法

本章研究具有 EH 功能的无线通信系统在离线场景下的最优数据传输问题,假设在系统运行之前已知 EH 和信道衰落变化的准确信息,在 EH 的因果关系约束及充电电池的存储容量约束下,通过控制传输功率的时间序列,最大化无线通信系统某个时间期限内的吞吐量。运用集合图形法、凸优化方法及定向注水算法分别研究无线静态信道和衰落信道情况下最优传输问题,给出最优离线算法,并分析电池容量无限和容量无限对算法的影响。此外,还研究该类无线通信系统在给定发送比特的前提下最小化传输时间,经证明该优化目标等效于最大化某个时间期限内的传输比特数。本章得到的离线优化算法可使优化目标达到最优,但是 EH 和信道衰落受很多因素的影响,一般情况下很难预测它们未来较长时间内的确知信息(能量到达的时间及到达的量),因此这种离线场景属于特殊场景,其目的是为其他场景的算法性能提供一个衡量基准。

2.1　EH 无线通信系统模型

一个点到点无线通信系统最简单的模型包括发送端 Tx、接收端 Rx 和无线信道。如图 2.1(a)所示,该模型默认无线通信系统由恒定电源供电,不需要考虑能量供应不足的问题。而在 EH 无线通信中,EH 器件捕获的能量随机到达发射机,缓存在可充电电池中,发射机可用的能量具有随机性,再加上电池容量的限制,若不对捕获的能量进行管理,有可能导致电池因容纳不下捕获的能量而造成能量浪费,或因能量不足而导致数据传输服务中断。因此,EH 无线通信中供电源是主要考虑的部分,其系统模型如图 2.1(b)所示。此外,无线信道可能是衰落时变信道,数据到达与能量到达一样具有随机性,基于 EH 无线通信系统的这些随机因素,其模型简化为图 2.1(c)。图 2.1(c)中,发射机有两个队列,数据队列用于缓存到达的数据,能量队列(即充电电池)用于存储捕获的能量。一般情况下,能量到达和数据到达是两个独立的随机过程,信道状态信息(channel state information, CSI)通常通过对无线信道的信息统计和节点间链路反馈获知。

在此模型基础上,构建 EH 源和电网混合供电的大功率无线通信系统模型及混合供电通信节点间的能量协作模型。

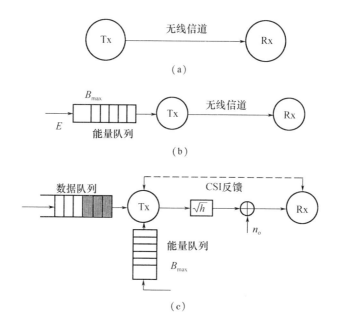

图 2.1　点到点无线通信系统模型

　　基于以上系统模型,首先考虑 EH 无线通信系统中的事件(EH 到达、数据到达和信道状态)在离线场景下(已知事件的准确信息)的最优数据传输问题,研究电池容量无限和容量无限对最优数据传输的影响,以及在无线静态信道和衰落信道下的最优传输功率控制。考虑事件统计信息已知场景下的最优传输算法,基于 EH 的 Markov 模型,用动态规划求解最优在线传输算法。在事件统计信息未知的一般场景下,Lyapunov 优化是解决随机性问题的有效工具。对于一般场景下的混合供电无线系统,同时考虑电池不理想特性,基于 Lyapunov 优化研究满足用户时延约束的最优功率分配和多用户间的传输调度方案,其目的是最小化系统从电网的能耗。研究混合供电节点间能量协作方案,以蜂窝网中基站为例,研究不同场景下基站间的能量协作算法,以最小化整体网络从电网获取的能量。

2.2　离散场景下的最优传输

　　基于图 2.1(c)所示的模型,首先研究离线场景下的最优传输问题。离线场景下的 EH 过程被认为是可以准确预知的,即在发射机传送数据之前,已知能量到达的准确信息,即已知能量到达的时间和数量。能量到达的时间点及数量示意图如图 2.2 所示,假

设能量到达发生在 $\{t_1, t_2, \cdots, t_K\}$ 时间点上,到达的能量值对应为 $\{E_1, E_2, \cdots, E_K\}$。假设 $t_0 = 0$,则时间期限 T 内共有 $K+1$ 个时间段,其中时间段长度 $L_k = t_k - t_{k-1}$($k = 1, 2, \cdots, K$),且 $L_{K+1} = T - t_K$。

图 2.2　能量到达的时间点及数量示意图

传输速率取决于发送功率和信道状态,速率曲线关于功率是凹的,信道状态为 h_1、h_2、h_3 情况下的速率 - 功率曲线如图 2.3 所示。其中,$h_1 < h_2 < h_3$,当信道状态一定时,传输速率和功率之间的关系为凹函数曲线。

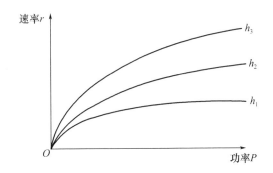

图 2.3　信道状态为 h_1、h_2、h_3 情况下的速率 - 功率曲线

接收端接收到的信号 y 为

$$y = \sqrt{h}\,x + n_0$$

式中,h 是信道衰落的平方值;x 是信道输入;n_0 是零均值单位方差的高斯随机噪声。当输入信号 x 在时间段(时间长度为 L)上以功率 P 发送时,数据队列中有 $\frac{L}{2}\log(1 + hP)$ (bit)比特的数据被服务,同时能量队列中有 LP 单位的能量被消耗(可从高斯信道容量公式中推出)。当带宽足够宽时,L 可以取比较小的值,离散系统近似为时间连续系统。因此,若 t_k 时刻信号的传输功率为 $x^2(t_k) = P(t_k)$,则每单位信道上数据的瞬时传输速率 $r(t_k)$ 为

$$r(t_k) = \frac{1}{2}\log(1 + h(t_k)P(t_k)) \tag{2.1}$$

若信道为静态信道,则传输速率只取决于发送功率。

基于图 2.2 所示能量到达的信息和图 2.1(c)所示的模型,优化目标是在 EH 和信道状态信息已知的情况下寻找最优离线传输策略,使传输功率适应可用能量和信道衰落的变化,以最大化给定时间期限内系统的传输比特数或给定待发送的比特数,最小化传输的时间。

由于速率曲线关于功率是凹的,因此发射功率在每个时间段内(两个相邻的能量到达时刻之间)应保持不变,假设时间段 k 内的功率为 P_k。传输策略应保证每一次到达的能量有足够的电池存储空间,否则到达的能量会因不能被保存而被浪费。假设电池的容量为 B_{max},若电池容量有限,则 B_{max} 为常数,若不考虑电池容量约束,则令 $B_{max} = \infty$。简单起见,假设电池中存储的能量只用于数据传输,不考虑信号处理消耗的能量。

最优化问题发射功率受到两个约束:EH 因果关系的约束和充电电池容量有限的约束。

(1)EH 因果关系的约束。EH 因果约束要求发射机当前时刻不能使用未来到达的能量(即还没有收集并存储的能量),则有

$$\sum_{k=1}^{l} L_k P_k \leqslant \sum_{k=0}^{l-1} E_k, \quad l = 1, \cdots, K+1 \tag{2.2}$$

(2)充电电池容量有限的约束。要求能量到达时刻充电电池能容纳所到达的能量,即不让到达的能量因电池满电没有空间存储而造成浪费,又称无能量溢出约束。这样,必须保证电池中的能量不超过电池的最大容量 B_{max}。由于能量在某些时间点到达,因此电池中的能量只有在新的能量到达的时刻可能达到最大,电池容量约束(无能量溢出约束)为可数个约束,有

$$\sum_{k=0}^{l} E_k - \sum_{k=1}^{l} L_k P_k \leqslant B_{max}, \quad l = 1, \cdots, K \tag{2.3}$$

2.2.1 静态信道的吞吐量最大化

首先考虑静态信道,假设信道增益固定为 h_{con}。已知能量到达的离线信息,假设等待发送的数据足够多,即数据队列无穷大,其优化目标是最大化时间期限 T 内 EH 无线通信系统传输的数据量。该优化问题规划为

$$\max_{P_k \geqslant 0} \sum_{k=1}^{K+1} \frac{L_k}{2} \log(1 + h_{con} P_k) \tag{2.4}$$

$$\text{s.t.} \ \sum_{k=1}^{l} L_k P_k \leqslant \sum_{k=0}^{l-1} E_k, \quad l = 1, \cdots, K+1 \tag{2.5}$$

$$\sum_{k=0}^{l} E_k - \sum_{k=1}^{l} L_k P_k \leqslant B_{max}, \quad l = 1, \cdots, K \tag{2.6}$$

对式(2.4)~(2.6)用以下几种方法进行求解。

（1）几何图形法。

系统可用的能量区域如图 2.4 所示。台阶的上沿是到达的能量的累积,这为 EH 因果约束提供了上限;而台阶的下沿为无能量溢出约束,限制能量消耗的下限,能量消耗可行的区域必须介于两沿之间。可见,能量因果约束迫使任意时刻的能量消耗不能太快,不得超过收集的总量(即不超过该台阶的上沿)。同时,无能量溢出约束限制能量消耗不能太慢,腾出电池的空间以存储新到达的能量,否则到达的能量无法被完全容纳,会造成浪费(即不得低于下沿),因此能量消耗区域为图 2.4 中的通道部分。尽管最优能量消耗曲线整体是关于时间的单调不减函数,但由于目标函数是凹的,最优功率即能量消耗曲线的斜率在相邻的两个能量达到时刻之间的时间段必定保持不变,因此某个期限内的最优化功率序列必然为有限个。从几何学的角度上看,这意味着最优能量消耗曲线必定是分段线性函数。

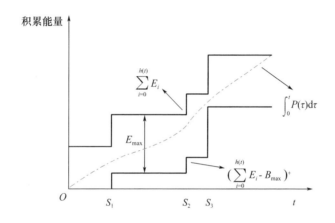

图 2.4　系统可用的能量区域

经证明,为使时间期限 T 内发送的数据量最大,最优传输功率具有以下三个特征。

(1)传输功率单调不减, $P_1 \le P_2 \le \cdots \le P_K$ 。

(2)在同一个时间段内,传输功率必定保持不变。也就是说,只有在新的能量到达时刻,传输功率才有可能改变。

(3)当传输功率需要发生改变时,消耗的总能量等于收集的总能量。

最优能量消耗(最优传输功率)曲线的实例如图 2.5 所示。其中,图 2.5(a)所示为 $B_{\max} = \infty$ 时的最优传输功率。也就是说,充电电池容量足够大,不需要担心能量容纳问题,可用的能量区域只有能量因果关系的约束,只要低于收集的总量(即不超过该台阶的上沿)即可,而不用考虑电池容量的限制,能量消耗不低于 0 即可。因此,图 2.5(a)中没有台阶的下沿,能量消耗区域不再是一个通道。此时,最优能量消耗曲线为图中最紧曲线,最优传输功率即能量消耗曲线的斜率满足以上三个特征。图2.5(b)所示为 B_{max} 为有限值时的最优传输功率。最优能量消耗曲线为可行能量消耗区域内的最紧曲线,由于功率–速率函数为凹函数,因此最优解应尽可能在更长的时间段上保持恒定功率。

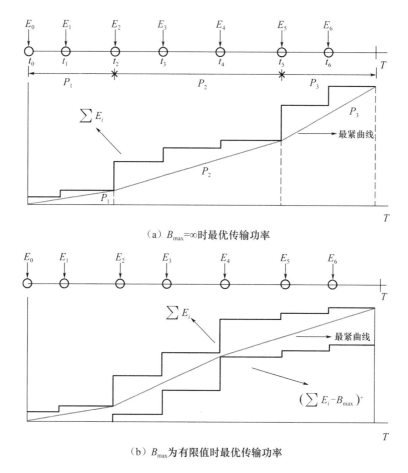

（a）$B_{max} = \infty$ 时最优传输功率

（b）B_{max} 为有限值时最优传输功率

图2.5　最优能量消耗（最优传输功率）曲线的实例

（2）凸优化方法。

基于凸优化求解优化式(2.4)~(2.6)。当 $l = N + 1$ 时,式(2.5)一定满足等式;否则,总可以无条件加大发射功率 P_k 来增加发送比特率。由于 $E_0 > 0$,对于任意时间段 i,没有必要使 $P_k = 0$,因此该优化问题中发射功率满足 $P_k > 0$ $(k = 1, 2, \cdots, K + 1)$。

由于目标函数式(2.4)形式上为功率的对数函数和,因此该目标函数关于功率是凹的。此外,约束集合是凸的(由线性约束组成),因此以上优化问题是一个凸优化问题,具有唯一的最大值。定义以下拉格朗日函数,其中拉格朗日乘子 $\lambda_k \geqslant 0$ 且 $\mu_k \geqslant 0$ $(k = 1, 2, \cdots, K + 1)$,即

$$\gamma = \sum_{k=1}^{K+1} \frac{L_k}{2}\log(1+P_k) - \sum_{k=1}^{K}\lambda_k\Big(\sum_{i=1}^{K}L_iP_i - \sum_{i=0}^{K-1}E_i\Big) - \sum_{k=1}^{K}\mu_k\Big(\sum_{i=0}^{K}E_i - \sum_{i=1}^{K}L_iP_i - E_{\max}\Big)$$

拉格朗日乘子$\{\lambda_k\}$和$\{\mu_k\}$分别对应式(2.5)和式(2.6),附加松弛条件为

$$\lambda_k\Big(\sum_{i=1}^{K}L_iP_i - \sum_{i=0}^{K-1}E_i\Big) = 0, \quad k = 1,\cdots,K \tag{2.7}$$

$$\mu_k\Big(\sum_{i=0}^{K}E_i - \sum_{i=1}^{K}L_iP_i - E_{\max}\Big) = 0, \quad k = 1,\cdots,K \tag{2.8}$$

式(2.7)中不包括$k=K+1$,因为此时式(2.5)满足等式,否则目标函数随着P_k的增大而增大。而对于任意$P_k>0$,松弛条件不包括任何P_k。

应用 Karush、Kuhn、Tucker(KKT)优化条件,根据拉格朗日乘子可求得最优功率值P_k^*,即

$$P_k^* = \frac{1}{\sum\limits_{k=i}^{K+1}\lambda_k - \sum\limits_{k=i}^{K}\mu_k} - 1, \quad k = 1,\cdots,K \tag{2.9}$$

且$P_{K+1}^* = \dfrac{1}{\lambda_{K+1}} - 1$,满足$\sum\limits_{k=1}^{K+1}L_kP_k^* = \sum\limits_{k=0}^{K}E_k$的$P_k^*$有唯一解。

基于求得的P_k^*表达式(2.9),可得出以下最优功率分配方案的结论。

定理2.1 当$B_{\max} = \infty$时,最优功率值为单调递增序列,即$P_{k+1}^* \geqslant P_k^*$,且对于某个时间段$l$,若$\sum\limits_{k=1}^{l}L_kP_k^* < \sum\limits_{k=0}^{l-1}E_k$成立,则有$P_l^* = P_{l+1}^*$。

证明 由于$B_{\max} = \infty$,因此式(2.6)中没有等式,松弛条件式(2.8)中对于所有的i都满足$\mu_k = 0$。从式(2.9)中可以看出,由于$\lambda_k \geqslant 0$,因此最优功率P_k^*单调增加,$P_{k+1}^* \geqslant P_k^*$。若某些时间段$l$满足$\sum\limits_{k=1}^{l}L_kP_k^* < \sum\limits_{k=0}^{l-1}E_k$,则$\lambda_l = 0$,这意味着$P_l^* = P_{l+1}^*$。

为使目标达到最优,定理2.1中的发射功率单调递增,这是能量可以从当前时段转移至将来时段使用导致的。当式(2.5)不满足等式时,当前时段的部分能量被转移到将来的时段使用。因此,若有能量被转移至将来时段,则最优功率分配策略保持功率值不变;若最优功率值从k时段至$k+1$时段发生了变化,则应当是以增长的形式变化,且没有能量被转移至将来使用,也就是说,相应的约束式(2.5)满足等式。

若$B_{\max}$有限,则从式(2.9)中可以看出对最优功率分配的影响。如果式(2.9)没有等式,则因为$\mu_k = 0$,故最优P_k^*依然单调递增。但是如果对于所有的k有$E_k \leqslant B_{\max}$,则式(2.6)满足等式时,式(2.5)肯定不能满足等式,此时式(2.9)的P_k^*中将出现非零μ_k和零值λ_k,这意味着P_k^*单调递增不再成立。$B_{\max}$使能量从当前时段转移至将来时段受到了限制,这制约了相邻时段的功率取值相同。实际上,由式(2.6)可知,从当前时段

（如第 k 时段或之前的时段）可转移至将来的能量为 $B_{\max} - E_k$。

（3）定向注水方法。

对于具有 EH 功能的无线通信系统，为使系统在静态信道下的吞吐量最大，上节基于凸优化求得最优功率分配离线算法，可用定向注水算法解释最优功率分配方案。

若 E 单位的水（能量）注入底长为 L 的矩形中，则水位的高度为 $\dfrac{E}{L}$。定向注水算法中的一个关键要素是右渗透水龙头的概念，即只允许水（能量）从左到右转移。下面举例说明右渗透水龙头的概念，假设只考虑两个时段。假设 $B_{\max}$ 足够大，如果 $\dfrac{E_0}{L_1} > \dfrac{E_1}{L_2}$，则部分能量从第 1 时段转移至第 2 时段，使得两个时段的水位高度相等，如图 2.6（a）所示；如果 $\dfrac{E_0}{L_1} < \dfrac{E_1}{L_2}$，则能量不能从右向左转移，这是由 EH 因果关系决定的，即能量在收集存储之前不能被使用，如图 2.6（b）所示，两个时段的水位不等高。因此，右渗透水龙头可实现该算法，使得水（能量）只能从左向右流动。

而 $B_{\max}$ 有限可作为限制能量转移至将来多少的约束条件，成为注水算法的一部分。如果让第 k 时段与之后时段的水位持平，需要转移的能量超过 $B_{\max} - E_k$，则最多只有 $B_{\max} - E_k$ 的能量被转移，否则下一时段的能量值将超过 $B_{\max}$，造成能量浪费，从而使能效下降。对应在本例中，当两个时段之间的右渗透水龙头被打开时，如图 2.6（c）所示，只允许有 $B_{\max} - E_1$ 量值的能量从时段 1 转移至时段 2。

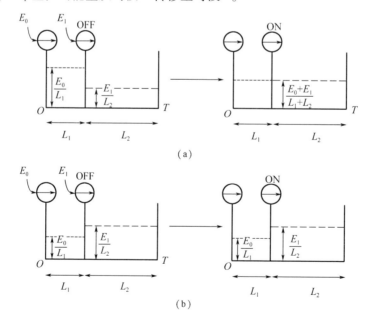

图 2.6　两个时间段内的定向注水算法

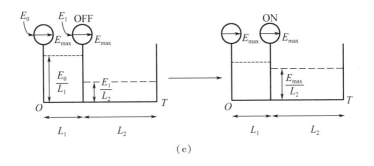

（c）

续图 2.6

2.2.2　衰落信道的吞吐量最大化

考虑信道为衰落信道且能量到达和信道状态变化的离线信息已知的场景。假设在 $[0,T)$ 时间范围内信道状态变化 M 次，能量到达 N 次，因此共分为 $M+N+1$ 个时段。优化目标是在时间期限 T 内最大化发送的比特数。类似于非衰落的情况，最优功率控制策略是传输功率在每个时段仍保持不变，时段 i 上的发送功率记为 $P_i(i=1,\cdots,M+N+1)$。定义 $E_{in}(i)$ 为第 i 时段到达的能量。如果第 i 个事件是能量到达，则 $E_{in}(i)=E_j$；如果第 i 个事件是衰落值变化，则 $E_{in}(i)=0$。同样地，$E_{in}(0)=E_0$。类似于非衰落的情况，仍然有能量到达的因果约束和电池最大容量 B_{max} 有限的约束。

衰落信道系统吞吐量最大化的优化问题为

$$\max_{P_i \geqslant 0} \sum_{i=1}^{M+N+1} \frac{L_i}{2}\log(1+h_iP_i) \tag{2.10}$$

$$\text{s.t.} \quad \sum_{i=1}^{l} L_iP_i \leqslant \sum_{i=0}^{l-1} E_{in}(i), \quad l=1,\cdots,M+N+1 \tag{2.11}$$

$$\sum_{i=0}^{l} E_{in}(i) - \sum_{i=1}^{l} L_iP_i \leqslant B_{max}, \quad l=1,\cdots,M+N \tag{2.12}$$

（1）凸优化离线算法。

衰落信道下，式（2.11）中当 $l=M+N+1$ 时必须满足等式条件，否则总可以加大某个时段的功率 P_i 以增加吞吐量。在衰落信道情况下，目标函数即式（2.10）是凹的且约束是凸的。定义拉格朗日函数，其中对于任意 λ_i,μ_i,η_i，有

$$\gamma = \sum_{i=1}^{M+N+1} \frac{L_i}{2}\log(1+h_iP_i) - \sum_{j=1}^{M+N+1} \lambda_j\left(\sum_{i=1}^{j} L_iP_i - \sum_{i=0}^{j-1} E_{in}(i)\right) -$$
$$\sum_{j=1}^{M+N} \mu_j\left(\sum_{i=0}^{j} E_{in}(i) - \sum_{i=1}^{j} L_iP_i - B_{max}\right) + \sum_{i=1}^{M+N+1} \eta_iP_i \tag{2.13}$$

注意,在非衰落情况下,没有用到拉格朗日乘子 $\{\eta_i\}$,是因为在那种情况下所有的 $P_i > 0$。而在衰落信道下,有些时段的最优功率取决于信道衰落状态可能为零。附加松弛条件为

$$\lambda_j \left(\sum_{i=1}^{j} L_i P_i - \sum_{i=0}^{j} E_{in}(i) \right) = 0, \quad \forall j \tag{2.14}$$

$$\mu_j \left(\sum_{i=0}^{j} E_{in}(i) - \sum_{i=1}^{j} L_i P_i - B_{max} \right) = 0, \quad \forall j \tag{2.15}$$

$$\eta_i P_i = 0, \quad \forall j \tag{2.16}$$

从而推出最优功率为

$$P_i^* = \left[v_i - \frac{1}{h_i} \right]^+ \tag{2.17}$$

根据静态信道中的分析,v_i 表示水位,即

$$v_i = \frac{1}{\sum_{j=i}^{M+N+1} \lambda_j - \sum_{j=i}^{M+N+1} \mu_j} \tag{2.18}$$

根据求解的结果得到以下结论。

定理 2.2 当 $B_{max} = \infty$ 时,对于任一时段 i,最优水位 v_i 单调递增,$v_{i+1} \geq v_i$,且如果有能量从第 i 时段转移至第 $i+1$ 时段,则 $v_i = v_{i+1}$。

证明 假设 $B_{max} = \infty$,则对于所有的 i 有 $\mu_i = 0$。由式(2.18)可以看出,因为 $\lambda_i \geq 0$,所以有 $v_{i+1} \geq v_i$。如果有能量从第 i 时段转移至第 $i+1$ 时段,则式(2.11)中第 i 时段肯定为不等式。对于这样的时段 i,由松弛条件即式(2.14)得 $\lambda_i = 0$,此时由式(2.18)可知 $v_i = v_{i+1}$。特别地,对于所有有能量到达的两个相邻时段 i 和 j,当这些时段中间没有阻隔,能量可自由流淌时,有 $v_i = v_j$。

在衰落信道情况下,B_{max} 有限对最优功率分配的影响可从拉格朗日乘子 μ_i 中看出。特别地,当 B_{max} 约束满足等式时,水位单调递增不再成立,B_{max} 制约了能从一个时段转移至下一个时段的能量的多少。特别地,被转移的能量不能大于 $B_{max} - E_{in}(i)$。注意,对于 $E_{in}(i) = 0$ 的时段,这个约束会无条件地被满足,因为 $E_{in}(i) \leq B_{max}$,所以两个能量到达之间的水位肯定相同。但是下一个水平值可能或高或低,这取决于下一个到达的能量值的大小。

(2)定向注水算法。

衰落信道下的定向注水算法要求在能量到达的时间点上有堵墙,且每堵墙上有右渗透水龙头,最多允许 B_{max} 的水流动。没有墙阻隔的时段是由衰落值的变化划分的。当打开右渗透水龙头时,则水位由定向注水算法确定。最优功率分配 P_i^* 由产生的水位代入式(2.17)中求出。图2.7所示为该算法运行的一个实例,该例中有12个时段,在

传输过程中能量到达发生在 3 个时间点。此外,$t=0$ 时有一定的可用能量。可以看出,第 2、4、5 时段的能量被均衡,在第 1、3 时段没有功率发射,因为这两个时段上的信道增益非常低(即 $\dfrac{1}{h_i}$ 太大)。由于能量的因果约束在第 6 时段起始到达的能量不能向左流动,因此右渗透水龙头只允许能量向右流动。第 8～12 时段内能量被均衡,但是第 6、7 时段多余的能量不能全部流向右边,因为第 7、8 时段之间右渗透水龙头执行 B_{max} 的约束。

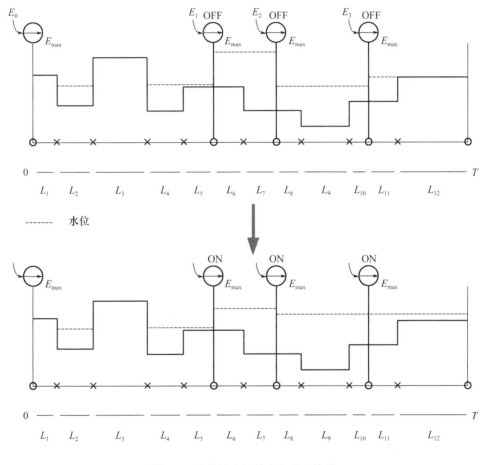

图 2.7　衰落信道下的定向注水算法

2.2.3　最小化衰落信道中的传输时间

与 2.2.2 节中假设数据积压无穷大相反,假设系统中发射机有 $X(bit)$ 的数据等待传送至接收端,系统仍具有 EH 功能且信道为衰落信道,目标是最小化发送这 $X(bit)$ 数据所需的时间,这是一个传输时间最小化的问题。文献[57]研究了 EH 系统在非衰落环境下的该问题并求解。文献[58]中,当能量缓存器(电池)有最大容量 B_{max} 约束时,该传输时间最小化问题通过对应吞吐量最优来求解。为使衰落信道下的解为一般性的结果,引出最大离开曲线。最大离开曲线函数将本节中传输时间最小化问题映射成2.2.2节中的吞吐量最大化问题。传输时间最小问题规划为

$$\min T \tag{2.19}$$

$$\text{s.t.} \quad \sum_{i=1}^{K} \frac{L_i}{2} \log(1 + h_i P_i) = X \tag{2.20}$$

$$\sum_{i=1}^{l} L_i P_i \leqslant \sum_{i=0}^{l-1} E_{in}(i), \quad l = 1, \cdots, K \tag{2.21}$$

$$\sum_{i=0}^{l} E_{in}(i) - \sum_{i=1}^{l} L_i P_i \leqslant B_{max}, \quad l = 1, \cdots, K \tag{2.22}$$

式中,K 是时间区间 $[0, T]$ 中划分的时段数,$K \triangleq K(T)$。

(1)数据最大离开曲线。

给定时间期限 T,定义给定能量到达序列和信道衰落状态下的数据最大离开曲线 $D(T)$ 为

$$D(T) = \max \sum_{i=1}^{K(T)} \frac{L_i}{2} \log(1 + h_i P_i) \tag{2.23}$$

式中,$K(T)$ 是时间区间 $[0, T]$ 中划分的时段数。式(2.23)中的最大化受限于式(2.21)和式(2.22)中能量因果约束和电池最大存储容量的约束。最大离开曲线 $D(T)$ 函数的含义是在给定能量到达序列和衰落序列的前提下,在时间期限 T 内离开数据积压被发送的最大比特数,这正是2.2.2节中问题的解。以下引理描述了最大离开曲线的一些特征。

引理2.1 数据最大离开曲线 $D(T)$ 是关于 T 单调递增的连续函数。$D(T)$ 在 $\{t_i^e\}$ 和 $\{t_i^f\}$ 处不可微。

证明 ①单调性。当时间期限增加时,可以在增加的时间内尽可能多传输数据。

②连续性。可以看出,若没有新的能量到达或衰落状态改变,传输功率不变,则数据最大离开曲线 $D(T)$ 没有理由不连续。当有新的能量到达时,由于有限的能量发送的比特数是有限的,因此被发送的比特数不会有任何的跳变。类似地,若衰落值变化,则由于对数函数的连续性,因此 $D(T)$ 也是连续的。

对于不可微的点,假设 $t = t_i^e$,有 E_i 单位的能量到达,t_i^e 右边的水位高于左边的水位,右渗透水龙头不允许水向左流,则 $D(T)$ 为

$$D(t_i^e + \Delta) = D(t_i^e) + \frac{\Delta}{2} \log\left(1 + \frac{E_i h}{\Delta}\right) \tag{2.24}$$

式中,Δ 为无穷小量。在 $t = t_i^e$ 处,$D(T)$ 右边的导数为任意大,因此 $D(T)$ 在 t_i^e 不可微。

在 $t=t_i^f$ 处,衰落值从 h_i 变为 h_{i+1},随着 t 的增加水位减小(除非有新的能量到达),$t>t_i^f$ 时水位的变化与 $\dfrac{1}{h_{i+1}}$ 成正比,$t<t_i^f$ 时水位的变化与 $\dfrac{1}{h_i}$ 成正比。因此,当 $t=t_i^f$ 时,$D(T)$ 不可微。

$D(T)$ 的连续性和单调性意味着 $D(T)$ 存在反函数,对于一个封闭区间 $[a,b]$,$D^{-1}([a,b])$ 的值域也是一个封闭区间。$D(T)$ 可通过定向注水算法求得,$D(T)$ 的导数表示 T 时刻能量从过去转移至将来的速率,即水向右流趋势的衡量,$D(T)$ 在能量到达时间点和衰落变化时间点处不可微与导数的物理含义并不矛盾。

用一个例子形象地说明引理 2.1。最简单的例子是考虑非衰落信道($h=1$),没有新的能量到达,发射机端有 E_0 单位的初始能量可用。则最优传输方案是一个恒定的传输功率,因此有

$$D(T)=\frac{T}{2}\log\left(1+\frac{E_0}{T}\right) \tag{2.25}$$

很显然,这是一个连续单调递增函数,在 $T=0$ 处(能量到达时刻)的导数为无穷大。

下面考虑两个时段的情况。T_1 时有 E_1 单位的能量到达,衰落值恒定,也就是 $h=1$。假设 E_0 和 E_1 都比 $B_{\max}$ 小,且 $E_0+E_1>B_{\max}$,则 $D(T)$ 的表达式为

$$D(t)=\begin{cases}\dfrac{t}{2}\log\left(1+\dfrac{E_0}{t}\right), & 0<t<T_1 \\[2mm] \dfrac{T_1}{2}\log\left(1+\dfrac{E_0}{T_1}\right)+\dfrac{t-T_1}{2}\log\left(1+\dfrac{E_1}{t-T_1}\right), & T_1\leqslant t\leqslant T_2 \\[2mm] \dfrac{t}{2}\log\left(1+\dfrac{E_0+E_1}{t}\right), & T_2<t<T_3 \\[2mm] \dfrac{T_3}{2}\log\left(1+\dfrac{E_0+E_1-B_{\max}}{T_3}\right)+\dfrac{t-T_3}{2}\log\left(1+\dfrac{B_{\max}}{t-T_3}\right), & T_3<t<\infty\end{cases}$$

式中,$T_2=\dfrac{E_1T_1}{E_0}+T_1$;$T_3=\dfrac{T_1(E_0+E_1)}{E_0+E_1-B_{\max}}$。在 $B_{\max}$ 的约束下,当 $T\to\infty$ 时,$D(T)$ 的渐近线严格小于 $B_{\max}=\infty$ 的情况。

一般情况下,有多个能量到达和信道状态变化,$D(T)$ 可能存在多个不连续点,除信道衰落变化和能量到达外,还有其他原因,如 $B_{\max}$ 的约束。

(2)问题的求解。

下面求解式(2.19)~(2.22)传输时间最小化问题。最小化传输 $X(\text{bit})$ 数据的时间与某一期限内最大化可发送比特数问题密切相关。如果 T 时限内发送的最大比特数少于 X,则时限 T 内不可能完成 $X(\text{bit})$ 传输。若 T^* 是完成传输 $X(\text{bit})$ 的最小时间,则必然有 $X=D(T^*)$。基于最大离开曲线,T^* 的特征具体描述如下定理。

定理 2.3 发送 $X(\text{bit})$ 的最小传输完成时间 T^*，$T^* = \min\{t \in M_X\}$。其中，$M_X = \{t: X = D(t)\}$。

证明 对于满足 $D(t) < X$ 的 t，有 $T^* > t$，由于 t 时间内可服务的最大比特数 $D(t)$ 小于 X，因此传输 $X(\text{bit})$ 在 t 时间内不能完成。相反，对于 $D(t) > X$ 的 t，有 $T^* < t$，由于 $X(\text{bit})$ 在 t 时间内能完成，因此 $D(T^*) = X$ 是必要条件。由于 $D(T)$ 是连续的，集合 $\{t: X = D(t)\}$ 是封闭的，因此 $\min\{t: X = D(t)\}$ 存在且唯一，根据 T^* 的定义，有 $T^* = \min\{t: X = D(t)\}$。

因此，衰落信道中给定比特数的传输时间最小化问题等效于给定时间期限传输的比特数最大化问题，其优化问题的求解可运用本节所求解的最优传输功率方案。

2.3 本章小结

本章研究了 EH 无线通信系统在离线场景下的最优传输功率控制方案，在事件（能量捕获、信道衰落）离线信息已知的情况下考虑了两个相关的问题：最大化的某个时间期限内发送的比特数；最小化发送给定数据量所需的时间。在 EH 的因果关系约束及充电电池的存储容量约束下，本章分别研究了电池容量无限和容量无限，以及无线静态信道和衰落信道情况下最优传输问题。本章运用几何图形法、凸优化方法及定向注水算法求解了第一个问题，并通过最大离开曲线函数将其映射成第一个问题来求解第二个问题。本章得到的离线优化算法可使优化目标达到最优，但是 EH 和信道衰落受很多因素的影响，一般情况下很难预测它们未来较长时间内的确知信息（能量到达的时间及到达的量），因此离线最优传输算法不适用于 EH 及信道衰落信息不确知的场景。这种离线场景属于特殊场景，其目的是为其他场景的算法性能提供一个衡量基准。

第 3 章　统计特性已知的最优在线传输策略

第 2 章提出的离线最优算法针对的是能准确预测 EH 和信道状态信息的场景,即在发射机发送数据之前已知 EH 和信道将来变化的准确信息,属于特殊场景(近似理想情况)。但 EH 容易受到周边环境、地理位置和气候变化等多方面因素的影响,信道状态变化也受到很多因素的影响,很难预测将来 EH 和信道衰落的准确信息。接下来要考虑能量随机到达和信道随机衰落,经长期观测统计获知 EH 过程和信道衰落的概率分布情况,研究该情况下 EH 无线通信系统的最优在线传输策略,根据能量到达和消耗的特点构建 Markov 模型,用随机动态规划求解某个时间期限内传送的平均比特率最大化的在线策略。为减小最优在线算法的复杂度,本章介绍了一些近似最优(次优)策略,最后在不同的配置下通过数值仿真对离线、在线及次优算法的性能进行了比较。

首先介绍 Markov 的相关理论,便于以下优化的建模、分析和求解。

3.1　Markov 决策相关理论

Markov 决策过程常用于解决随机环境下多阶段的动态决策问题,是基于 Markov 过程理论的随机动态系统的最优决策过程。它通过观测每个时隙的状态做出相应的决策,系统进入下一个状态后又可以做出新的决策,以此反复进行。Markov 决策过程通常被划分为三类:离散时间 Markov 决策过程、连续时间 Markov 决策过程和半 Markov 决策过程。基于这些分支,诸多用于解决实际问题的 MDP 模型被提出,广泛应用于通信、信号处理、决策分析、控制理论、人工智能、运筹学、经济学等领域中。本章仅介绍离散时间 MDP 决策过程。

离散时间的 Markov 决策过程通常由五个元素构成,即

$$\{S, A, P_t(S_{n+1} \mid S_n, a_t), C_n(S_{n+1} \mid S_n, a_n), V\}, \quad S_{n+1}, S_n \in S_j; a_n \in A \quad (3.1)$$

式中,S 为系统的状态空间,又称状态集,即系统所有可能的状态组成的非空有限集合,$s \in S$ 表示一个具体的状态;A 为系统行动空间,又称系统行动集,即由系统所有可能的行动构成的一个有限非空集,$a_n \in A$ 代表一个具体的行动;P 为状态转移函数,将每一对"状态 – 行动"映射为 S 上的一个概率分布,用 $P_n(S_{n+1} \mid S_n, a_n)$ 表示在状态 S_n 执行 a_n

达到状态 S_{n+1} 的概率;C 为回报函数 $S \times A \rightarrow C$,$C_n(S_{n+1} \mid S_n, a_n)$ 表示在 S_n 上采取行动 a_n 到达 S_{n+1} 后所得的直接回报(即时回报);V 为准则函数,即 Markov 决策过程中有限阶段总回报的准则。

与一般的 Markov 过程不同,Markov 决策过程考虑了行为,即系统下个状态不仅与系统当前的状态有关,也与当前采取的行为有关。离散 Markov 决策过程的决策时刻是离散点的集合,可以用相继状态与行动的组合表示其样本轨道,即 $h_n \triangleq \{S_0, a_0, S_1, a_1, \cdots, S_{n-1}, a_n\}$ $(n \geqslant 0)$。h_n 是离散 Markov 决策过程从时刻 0 到时刻 n 的一个历史,其中 $S_n \in S$,$a_n \in A$。当决策者在各个时刻选取行动时,需要满足一定的决策规则,即离散 Markov 决策过程的策略,记作 $\pi = \{d_0, d_1, \cdots, d_n\}$ $(n \geqslant 0)$,d_n 表示在时刻 n 选取行动时遵循的规则。在求取最优策略 d_n 时,可以根据是否依赖于时间和历史信息将策略分为有记忆的确定性策略、无记忆的确定性策略、有记忆的随机性策略和无记忆性的随机性策略。理论上,上述策略都可以用于求解具有 Markov 性的决策问题,但考虑到复杂性及便于应用,通常采用较为简单的不依赖于历史的策略或不依赖于时间的策略,甚至是确定性平稳策略。采取策略后获得的性能可以通过平均指标或者折扣指标来衡量。其中,采用平均指标的 Markov 决策过程称为平均模型,通过单位时间内获得的平均期望收益衡量策略的优劣。采用折扣指标的 Markov 决策过程称为折扣模型,通过长期的折扣期望总收益(将 n 时刻的单位收益折合成初始时刻收益的 γ^n 倍,$\gamma < 1$,γ 为折扣因子)刻画策略的好坏。离散时间 Markov 决策过程通常使用折扣指标,其无限折扣准则下的效用函数可表示为

$$E\left\{\sum_{n=0}^{N} \gamma^n C_n^{\pi}(S_n, A_n^{\pi}(S_n))\right\} \tag{3.2}$$

式中,$A_n^{\pi}(S_n)$ 是策略 π 下的决策规则,折扣因子 $\gamma \in 0, 1$。

式(3.2)提供了一种获取系统最优解的途径,但是对于绝大多数优化问题,系统的维度较高,直接求解式(3.2)具有较大的计算复杂度。因此,Markov 决策过程中通常将求解过程转化为贝尔曼方程,即

$$V_n(S_n) = \max_{a_n \in A_n}\left(C_n(S_n, a_n) + \gamma \sum_{s' \in S} P(S_{n+1} = s' \mid S_n, a_n) V_{n+1}(s')\right) \tag{3.3}$$

Markov 决策过程的目标函数(如式(3.2))根据决策时隙 N 是否有限,可以将离散 Markov 决策过程的求解分为有限时隙 Markov 决策过程求解和无限时隙 Markov 决策过程求解。

3.1.1 有限时隙 Markov 决策过程求解方法

针对有限时隙 Markov 决策过程的求解相对比较简单,由于时间有限,因此可以直

接通过迭代方式求解。文献[74]提供了一种后向动态规划算法求解该问题,如算法3.1所示。

算法 3.1 后向动态规划算法

---

1. 初始化:

初始化终点收益 $V_T S_T$

令 $n = T - 1$

2. 计算:

对所有 $S_n \in S$,计算

$$V_n(S_n) = \max_{a_n \in A_n} \left(C_n(S_n, a_n) + \gamma \sum_{s' \in S} P(S_{n+1} = s' \mid S_n, a_n) V_{n+1}(s') \right)$$

3. 如果 $n = 0$,终止循环;否则,$n = n - 1$,执行步骤 2

后向动态规划由终了时隙 T 逐渐向开始时隙迭代,即从后向前迭代,该算法也因此而得名。

3.1.2 无限时隙 Markov 决策过程求解方法

相对于有限时隙的 Markov 决策过程,无限时隙 Markov 决策过程较为复杂。针对无限时隙特点,一般的求解方法有策略迭代和值迭代两种算法。为便于描述,式(3.3)可简化为

$$V(S) = \max_{a \in A} \left(C(S, a) + \gamma \sum_{s' \in S} P(s' \mid S, a) V(s') \right) \tag{3.4}$$

无限时隙 Markov 决策迭代算法如算法3.2所示

算法 3.2 无限时隙 Markov 决策迭代算法

---

1. 初始化:

令 $v^0(s) = 0, \forall s \in S$

设定误差参数 $\varepsilon > 0$ 和折扣因子 $\gamma < 1$

令 $n = 1$

2. 对所有 $\forall s \in S$,计算:

$$V^n(S) = \max_{a \in A} \left(C(S, a) + \gamma \sum_{s' \in S} P(s' \mid S, a) V^{n-1}(s') \right)$$

3. 如果 $\| v^{n+1} - v^n \| < \varepsilon \dfrac{(1-\gamma)}{2\gamma}$,则 π^ε 为最优解,v^ε,终止循环;否则,$n = n - 1$,执行步骤 2

3.2 统计特性已知的 EH 无线系统模型

简化起见,假设每个数据包传输在一个时隙中执行,每个时隙允许传输 n 个符号,假设 n 相对于解码足够大。假设时隙 $k \in K \triangleq \{1, \cdots, K\}$,发射机积压了足够多的数据,总有数据用于传输。时隙 k 发送消息 $W_k \in \{1, \cdots, 2^{nR_k}\}$,其中速率 $R_k \geqslant 0$ 供每符号选择。考虑点到点、平坦衰落、单天线通信系统,具有 EH 功能的发射机框图如图 3.1 所示,能量捕获器捕获的能量存储在能量存储装置中,功率放大器使用存储的能量,将编码器编码后的数据发送出去,以发送每符号使用的能量为基准。

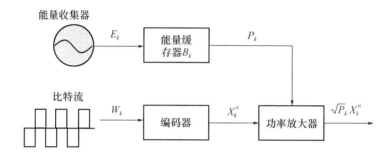

图 3.1　具有 EH 功能的发射机框图

考虑时隙 $k \in K$,在时刻 k^-,即时隙 k 之前的瞬间,每符号可用电池中存储的能量 $B_k \geqslant 0$。为了传输,消息 W_k 先被编码为长度为 n 的数据符号 $X_k^n \triangleq [X_{1k}, \cdots, X_{nk}]$,归一化 $\sum_{i=1}^{n} \frac{|X_{ik}|^2}{n} = 1$。接着发射机在时隙 k 发送数据包 $\sqrt{P_k} X_k^n$,其中 $0 \leqslant P_k \leqslant B_k$ 是功率放大器每符号使用的能量,假设发射机除传输消耗的能量外,其他电路消耗的能量可忽略。系统中存在的动态关系如下。

(1)发送的信息。

假设信道每个时隙内状态保持不变,SNR 为 $h_k (k \in K)$。时隙 k 的最大可靠传输速率由 h_k 和 P_k 决定,为 $r(h_k, P_k) = \log(1 + P_k h_k)$。

(2)电池存储能量的动态。

一般来说,电池能量从时隙 1 至时隙 k 用矢量 $\boldsymbol{B}^k = [B_1, \cdots, B_k]$ 表示,当传输数据包 k 时,能量捕获器收集的平均每符号的能量 $E_k \geqslant 0$,并存储在电池中,在 $(k+1)^-$ 时刻,存储的能量更新为 $B_{k+1} = f(\boldsymbol{B}^k, \boldsymbol{P}^k, \boldsymbol{E}^k) (k \in K)$,其中函数 f 依赖于电池的动态,如存储效率和记忆的影响。作为实际的近似,假设存储的能量不超过给定的最大存储空间 B_{max} 情况下线性增加或减少,即

$$B_{k+1} = \min\{B_k - P_k + E_k, B_{max}\}, \quad k \in K \tag{3.5}$$

假设初始存储的能量 B_1 已知,且 $0 \leqslant B_1 \leqslant B_{max}$。这样,$\{B_k\}$ 为确知一阶 Markov 模型,仅取决于前一时隙的随机变量。

（3）信道和能量捕获的动态。

为应对 EH 和无线信道在时间上不可预知的特性，联合构建 E^{K-1} 和 h^K 作为随机过程，描述它们的联合分布，其分布取决于所用的能量捕获器和无线信道的环境。对于无线信道和捕获的能量在时间上变化缓慢的场景，为应对这种变化，假设 SNR 为 h_k 在每个时隙中保持不变，在时隙 k 符合一阶静态 Markov 模型。同样，捕获的能量 E_k 也为一阶静态 Markov 模型，这个模型的准确度经太阳能收集实验研究证实。给定 $E_0 = \tilde{E}_0$，$h_1 = \tilde{h}_1$，其联合概率密度函数为

$$P_{E^{K-1},h^K}(E^{K-1}, h^K | E_0 = \tilde{E}_0, h_1 = \tilde{h}_1)$$

$$= \prod_{k=3}^{K} P_{E_k}(E_{k-1} | E_{k-2}) P_{h_k}(h_k | h_{k-1}) \times P_{E_1}(E_1 | E_0 = \tilde{E}_0) P_{h_2}(h_2 | h_1 = \tilde{h}_1) \quad (3.6)$$

式中，$P_{E_k}(\cdot | \cdot)$ 和 $P_{h_k}(\cdot | \cdot)$ 不依赖于 k。上式中同时假设捕获的能量和 SNR 是独立的，这种假设符合大多数的实际场景。假设上式联合分布是已知的，这在实际中通过长期测量可以获得。

（4）系统整体变化。

任意时隙 k 的状态记为 $s_k = (h_k, E_{k-1}, B_k)(k \in K)$。系统的状态矢量 $s^k \triangleq (s_1, \cdots, s_k), k \in K$。假设发射机已知初始状态 $s_1 \triangleq (h_1, E_0, B_1)$，给定 $s_1 = \tilde{s}_1$，状态符合一阶 Markov 模型，即

$$P_{s^k}(s^K | s_1 = \tilde{s}_1) = \prod_{k=3}^{K} P_{s_k}(s_k | s_{k-1}) \times P_{s_2}(s_2 | s_1 = \tilde{s}_1) \quad (3.7)$$

实际中，上式包含状态独立这种特殊情况，即 $P_{s_k}(s_k | s_{k-1}) = P_{s_k}(s_k)$，或者状态是确知的而不是随机的，即 $P_{s_k}(s_k | s_{k-1}) = \delta(s_k - \tilde{s}_k)$，其中 $\delta(\cdot)$ 为狄拉克函数。

3.3 问题描述和优化求解

在数据包 k 被发送之前，发射机已知状态 s_k 的信息，$k \in K$，即时隙 k 发射机仅知道当前信道的信噪比 h_k、过去时隙捕获的能量 E_{k-1} 和电池当前存储的能量 B_k。实际上，在传输决策之前经信道反馈可获知 h_k，发射机从能量存储装置可得知 E_{k-1} 和 B_k，而将来的状态却不能提前预知。

根据当前的状态，决策传输数据包 k 所用的能量 P_k，以达到最大化吞吐量的目标，即通过确定的功率分配选择策略 $\pi = \{P_k(s_k), \forall s_k, k = 1, \cdots, K\}$，使有限个时隙 K 上传输的数据之和最大，策略可通过实时查表（存储在发射机中）实现。

如果对于所有可能 s_k 且满足约束 $0 \le P_k \le B_k(k \in K)$ 的可行策略，所有可行策略的空间记为 $\prod$，给定初始状态 s_1，则最大吞吐量为

$$R^* = \max_{\pi \in \prod} R(\pi) \quad (3.8)$$

式中

$$R(\pi) = \sum_{k=1}^{K} E[r(h_k, P_k(s_k)) | s_1, \pi]$$

第 k 个求和项表示数据包 k 的期望吞吐量,给定初始状态 s_1 和策略 π 期望在所有变量上执行。例如,如果 $K=2$ 且给定策略,则式(3.8)简化为

$$R = r(h_1, P_1(s_1)) + E_{s_2}[r(h_2, P_2(s_2)) \mid s_1] \qquad (3.9)$$

式中,第一项受限于 $0 \leq P_1 \leq B_1$;第二项受限于 $0 \leq P_2 \leq B_2 = \min\{B_1 - P_1 + E_1, B_{\max}\}$。显然,第一个时隙传输所用能量 P_1 影响第二个时隙可用的能量 B_2,反过来又影响第二个时隙分配的能量 P_2。由于受到 EH 的约束,正如这个例子所示,因此最优能量分配序列 $\{P_k\}$ 不能独立执行。相反,给定所有可能的 P_1(即得到所有可能的 B_2)情况下先优化 P_2,然后用最优值(作为 P_1 的函数)取代 P_2 来优化 P_1,这种方法一般情况下称为动态规划(dynamic programming,DP)。

引理 3.1 给定初始状态 $s_1 = (h_1, E_0, B_1)$,最大吞吐量 R^* 由 $J_1(s_1)$ 给出,基于贝尔曼方程迭代运算,从 $J_K(s_K)$、$J_{K-1}(s_{K-1})$ 至 $J_1(s_1)$,有

$$J_K(h, E, B) = \max_{0 \leq T \leq B} r(h, P) = r(h, B) \qquad (3.10)$$

$$J_k(h, E, B) = \max_{0 \leq T \leq B} r(h, P) + \bar{J}_{k+1}(h, E, B - P), \quad k = 1, \cdots, K-1 \qquad (3.11)$$

式中

$$\bar{J}_{k+1}(h, E, x) = E_{\tilde{E}, \tilde{h}}[J_{k+1}(\tilde{h}, \tilde{E}, \min\{B_{\max}, x + \tilde{E}\}) \mid h, E]$$

式中,$\tilde{E}$ 表示在给定过去时隙捕获的能量 E 的情况下当前时隙捕获的能量;$\tilde{h}$ 表示在当前过去时隙信噪比 h 的情况下一时隙的信噪比。最优策略记为 $\pi^* = \{P_k^*(s_k), \forall s_k, k = 1, \cdots, K\}$,其中 $P_k^*(s_k)$ 是求解式(3.10)和式(3.11)的最优 P。

证明 可由文献[80]中的贝尔曼方程推得。式(3.8)用引理 3.1 中的动态规划求解,得到在线策略经证明为最优策略。

在式(3.10)中,最优很显然,因为在时隙 K 使用所有可用的能量来传输。

式(3.11)中的最大化为当前和将来收益的折中,这是因为 $r(\cdot, \cdot)$ 传输的数据代表当前的收益,而 $\bar{J}_{k+1}$ 一般被认为是值函数,是将来时隙 $k+1 \sim K$ 传输的数据的累加。

式(3.8)中,最大吞吐量 R^* 的结构特性和相应的最优策略 π^* 如下。

假设给定 h,$r(h, P)$ 关于 P 是凹的。若给定 h 和 E,则对于 $k \in K$,式(3.8)中 $J_k(h, E, B)$ 关于 B 是凹的;对于 $k \in K$,$\bar{J}_k(h, E, B)$ 关于 B 是凹的。

$R^* = J_1(s_1)$ 关于 B_1 是凹的。

假设给定 h,$r(h, P)$ 关于 P 是凹的。若给定 h 和 E,则式(3.10)和式(3.11)中最优功率分配 $P_k^*(h, E, B)$ 关于 B 不减,$k \in K$。

基于式(3.10)可得到时隙 K 的最优解 $P_K^*(s_K) = B_K$,现在寻找问题的 $P_K^*(s_K)$ 以获得 $J_k(s_k)$,$k \in \{1, \cdots, K-1\}$。分别固定 SNR 和捕获的能量为 h、E,考虑所有 $P \geq 0$ 不受约束的最大化,即没有 EH 的约束,有

$$P_k^+ = \arg\max_{P \geq 0} f(P) \qquad (3.12)$$

式中,记 $f(P) = r(h, P) + \bar{J}_{k+1}(B - P)$,因为 $r(h, P)$ 是凹的,则可知 $\bar{J}_{k+1}(B - P)$ 是凹的,目标函数 $f(P)$ 是凹的。这样,在所有 P 上的最大化就给出了唯一解 P_k^+,用数值方法如分半搜索很容易求解。同时,通过限制搜索不同的 B 至一个方向有助于减小搜索空间,

如果 $f(P)$ 在封闭区间内可微，则 P_k^+ 通过求解 $f'(P)=0$ 得出。最后，通过约束式（3.12）的最大化至 $0 \leqslant P \leqslant B$ 得到式（3.11）的最优解，即

$$P_k^* = \begin{cases} 0, & P_k^+ \leqslant 0 \\ B, & P_k^+ \geqslant B \\ P_k^+, & 0 < P_k^+ < B \end{cases} \tag{3.13}$$

如果 $P_k^+ \leqslant 0$，则对于 $P \geqslant 0$，凹目标函数 $f(P)$ 必然下降；如果 $P_k^+ \geqslant B$，则对于 $P \leqslant B$，凹目标函数必然增加。

为方便分析，考虑 h_k 和 E_k 在时隙 k 上都是独立同分布（independent identically distributed, i. i. d），引理 3.1 中的优化问题依然取决于过去捕获的能量 E_{k-1}，当前传输所用的能量 P_k 依然影响将来能量的存储，如 $B_{k+1}, B_{k+2}, \cdots$。

如果假设瑞利衰落信道，平均 SNR 为 $\bar{h}$，即 SNR 的统计为 $P_h(h)=\dfrac{1}{he^{\frac{-h}{\bar{h}}}} \geqslant 0$，则传输数据的期望为

$$\bar{R}(P) \triangleq E_h[r(h,P)] = e^{\frac{1}{\bar{h}P}} E_1\left(\frac{1}{\bar{h}P}\right) \tag{3.14}$$

式中，指数积分定义为 $E_1(x)=\displaystyle\int_x^\infty e^{\frac{-t}{t}}\mathrm{d}t$。相反，如果假设 AWGN 信道，信道时变对于所有 k 且有 $h_k=\bar{h}$，则传输的数据的期望为

$$\bar{R}(P) = R(\bar{h},P) = \log(1+\bar{h}P) \tag{3.15}$$

AWGN 信道中，引理 3.1 中的 $J_k(h,E,B)$ 对于所有的 k 都是独立的，但依然依赖于 E，因此最优问题求解 $J_k(h,E,B)$ 依然不得不递归求解。

3.4 最优传输在线策略

EH 无线通信系统在给定事件的因果信息，即在只给定能量到达和信道衰落的因果信息的情况下，假设能量到达为复合泊松过程，密度函数为 f_e，N_e 是泊松随机变量，其均值为 $\lambda_e T$。信道衰落值是一个随机过程，记为 λ_f 的泊松过程，N_f 是泊松变量，其均值为 $\lambda_f T$，信道在每个标记点取值独立，概率密度为 f_h，且两点之间保持不变，最大化 T 期限内发射机端发送的比特数。

具有 EH 功能的无线通信系统，衰落值为 h，电池能量为 B，其在线策略记为 $g(e,h,t)$，表示在给定状态 h 和 B 的情况下发射机在 t 时刻的发射功率。如果策略 g 满足非负，且对于所有的 h 及 $t \in [0,T]$，有 $g(0,h,t)=0$，$B(T)=0$，则称为可行策略。也就是说，如果超过时间期限电池中剩余的能量不为零，则策略中的发射功率可继续加大。可行策略保证了电池能量为零不能发生传输，且到达时间期限电池中剩余的能量为零，以使资源被充分利用。吞吐量 $J_g(B,h,t)$ 是在策略 g 下时间 t 内发送比特数的期望，即

$$J_g(B,h,t) = E\left[\int_0^t \frac{1}{2}\log(1+h(\tau)g(B,h,\tau))\mathrm{d}\tau\right] \tag{3.16}$$

价值函数是所有可行策略 g 的上确界,即

$$J(B,h,t) = \sup_g J_g \tag{3.17}$$

因此最优在线策略 $g^*(B,h,t)$ 满足 $J(B,h,t) = J_{g^*}$,即解决

$$\max_g E\left[\int_0^T \frac{1}{2}\log(1 + h(\tau)g(B,h,\tau))\mathrm{d}\tau\right] \tag{3.18}$$

为求解(3.18),首先考虑随机过程的极小值 σ,对于充分小的 σ,通过 σ 对时间量化,有

$$\max_g E\left[\int_0^T \frac{1}{2}\log(1 + h(\tau)g(B,h,\tau))\mathrm{d}\tau\right]$$

$$= \max_{g(B,h,0)}\left[\frac{\sigma}{2}\log(1 + h(0)g(B,h,0)) + J(B - \sigma g(B,h,0),h,\sigma)\right] \tag{3.19}$$

然后通过递归法求解式(3.19)得到 $g^*\left(B,h,t = k\delta\right)\left(k = 1,2,\cdots,\left[\dfrac{T}{\sigma}\right]\right)$。该过程就是连续时间的 DP 解决方案,其结果是最优的在线策略。在求解 $g^*(B,h,t)$ 后,发射机在每个时隙 t 将此函数记录为一个可查的表,接收反馈 $h(t)$,获知电池信息 $B(t)$,并通过最优功率 $g^*(B(t),h(t),t)$ 传输。提出的基于 DP 的最优在线功率分配算法给定了传输时隙数 K,由于动态规划的递归特性,因此这种方法的计算复杂度随着时间段 K(即事件发生变化的次数)数值的增加而成指数增长。

3.5 其他次优在线策略

由于动态规划求解固有的维度灾难,因此下面介绍以适度降低性能换取不太复杂的次优在线策略。次优在线策略在一定程度上模仿离线最优算法,但计算复杂度低且需要较少的统计知识。次优在线策略主要是基于信道衰落变化或能量到达的事件,每当检测到有事件发生时,决策一个新的发射功率,受制于可用的能量和 $B_{\max}$ 约束。

(1)恒定水位策略。

根据反馈观察到信道衰减变化时,恒定水位策略将在线调整传输功率。假设发射机已知电池平均充电速率 P,且信道衰减密度 f_h 也是已知的,则该策略通过计算 h_0 求解,即

$$\int_{h_0}^{\infty}\left(\frac{1}{h_0} - \frac{1}{h}\right)f_h(h)\mathrm{d}h = P \tag{3.20}$$

只要衰落值发生变化,该策略则决策新的发射功率 $P_i = \left(\dfrac{1}{h_0} - \dfrac{1}{h_i}\right)^+$。如果电池中的能量不为零,则以功率 P_i 传输;否则,传送器将不工作。

这种功率控制策略获得的信道容量与衰落通道中平均功率等于平均充电速率约束下进行功率控制获得的容量相同。在文献[85]中,这一策略被证明是稳定最优的,从某种意义上来说,所有具有稳定到达率的数据队列都可以通过这样的策略来稳定。在这种情况下,若 $\sigma > 0$ 足够小,则电力预算为 $P - \sigma$。然而,对于时间约束的设置,该策略在

数值结果部分证明是严格次优的,该策略要求发射机已知能量到达过程的平均值及信道衰落的全部统计数据,从接收机到发射机的 CSI 仅在事件发生时需要反馈。

(2)能量自适应注水策略。

假设衰落的统计数据是已知的,每当发生事件时,策略决策一个的新发射功率。特别地,在每次能量到达时,计算衰减值 h_0 作为以下方程的解,即

$$\int_{h_0}^{\infty} \left(\frac{1}{h_0} - \frac{1}{h} \right) f(h) \, dh = E_{current} \tag{3.21}$$

式中,$E_{current}$ 是事件到达时的能量。然后决策传输功率,类似于 $P_i = \left(\frac{1}{h_0} - \frac{1}{h_i} \right)^+$。该策略需要发射机已知衰落的统计数据。在信道状态变化时,需要从接收器到发送器反馈 CSI。

(3)时间 – 能量自适应注水策略。

该策略通过调整功率使能量在剩余时间上保持到最后期限,得到能量自适应注水策略,计算每次能量到达时的衰减值 h_0 作为以下方程的解,即

$$\int_{h_0}^{\infty} \left(\frac{1}{h_0} - \frac{1}{h} \right) f(h) \, dh = \frac{E_{current}}{T - s_i} \tag{3.22}$$

然后,传输功率被决策为 $P_i = \left(\frac{1}{h_0} - \frac{1}{h_i} \right)^+$。

3.6　数值结果

考虑一个加性高斯信道,带宽为 W,瞬时速率为

$$r(t) = W\log(1 + h(t)P(t)) \tag{3.23}$$

式中,$h(t)$ 是信道的 SNR,即实际信道增益除以噪声功率谱密度和带宽的乘积;$P(t)$ 是 t 时隙的发射功率。在此仿真中,带宽选择为 $W = 1$ MHz。

考查最优离线策略、最优在线策略及其他次优在线策略在截止期限内的吞吐量性能,特别是将最优性能与基于注水的次优在线策略做比较。次优在线策略使用的衰减分布仅对新的能量到达和衰减值的改变做出回应,这样算法需要的反馈和计算更少。然而,实际上仅对新的能量到达和衰减值的改变做出回应是这些策略的一个缺点,由于系统受时间期限的约束,因此策略需要考虑到剩余的时间,但是这些策略并没有达到最佳的效果。在不同的设置下模拟这些策略,会发现在某些情况下,次优策略可能会表现得很好。

所有的仿真都是随机生成 1 000 次信道衰减模式,并且用 $\sigma = 0.001$ 来计算最佳在线策略。能量和信道衰减为马克泊松分布过程,其速率 λ_e 和 λ_f 假设为 1,λ_e 的单位是 J/s,λ_f 的单位是 1/s。因此,密度函数 f_e 的均值也就是平均充电速率,f_h 的均值是平均衰落值,衰减变化相对于符号持续时间较慢。

f_e 被设置为平均值为 P 的非负均匀随机变量,假设到达的能量总是小于 B_{max},且有 $2P < B_{max}$,选择 B_{max} 约束只是为了演示说明。在现实生活中,传感器电池的 B_{max} 的容量

可能为 $k(J)$,可为系统中的所有电路提供能量。这里假设一个虚拟的电池,它的能量只用于通信。因此,假设 B_{max} 约为 1 J,研究不同的衰减分布 f_h。特别地,考虑了不同形状参数 m 的 Nakagami 分布,通过对其概率密度函数进行足够多点的抽样来实现特定的衰落。

为评估性能,需寻找策略性能的上界作为基准。首先,假设在时间区间 $[0,T]$ 中信道衰落和能量到达是已知的,且在 $[0,T]$ 期间到达发射机的总能量在 $t=0$ 时刻就全部到达。然后,通过将总能量分布到整个区间 $[0,T]$ 得到水位 P_w,根据相应的信道衰减序列得到吞吐量 T_{ub},定义为

$$T_{ub} = \frac{W}{T} \sum_{i=1}^{K} l_i \frac{1}{2} \log \left[1 + h_i \left(P_w - \frac{1}{h_i} \right)^+ \right] \tag{3.24}$$

式中,l_i 代表了第 i 代衰减的持续时间。R_{ub} 为 $[0,T]$ 区间内平均吞吐量的上限。即使是离线最优策略,其平均吞吐量也比 T_{ub} 更小,因为能量因果约束不允许能量均匀地分布到整个时间区间。

瑞利衰落信道下的系统平均吞吐量如图 3.2 所示。其中,SNR = 0 dB,瑞利衰落均值为 1,截止期限 $T = 10$ s,$B_{max} = 10$ J。

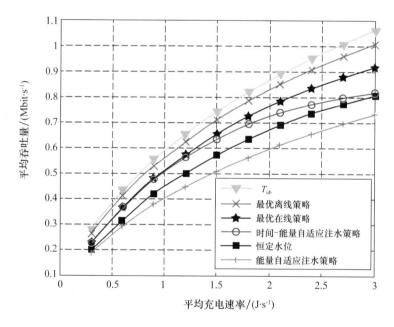

图 3.2 瑞利衰落信道下的系统平均吞吐量一

由图 3.2 可见,在低充电速率状态下,时间 – 能量自适应注水策略的性能非常接近最优在线策略的性能,当充电速率较低时,到达的能量可被转移至将来使用,该策略性能表现较好。然而,随着充电速率的增加,它的性能趋于饱和,这种情况下到达的能量越来越多,因电池容量的限制能量不能被全部容纳而造成越来越多的能量损失。图 3.3 所示也为瑞利衰落信道下的系统平均吞吐量,类似于图 3.2 中的设置,都设置了较低的

充电速率,唯一不同的是电池容量 $B_{max} = 1\ J$。然后考查 Nakagami 衰减信道下的系统平均吞吐量,如图 3.4 所示。这里,$m = 3$(平均 SNR = 5 dB),$T = 10\ s$,$B_{max} = 10\ J$,得到与之前情况相似的性能。这些数值仿真中,与恒定水位和时间 – 能量自适应注水方案相比,能量自适应注水的性能较差。

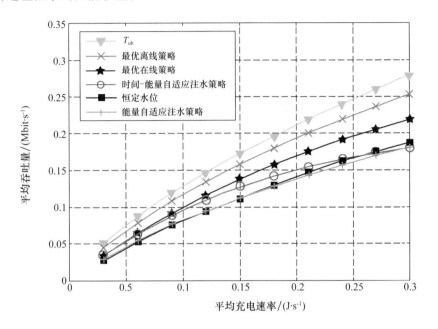

图 3.3　瑞利衰落信道下的系统平均吞吐量二

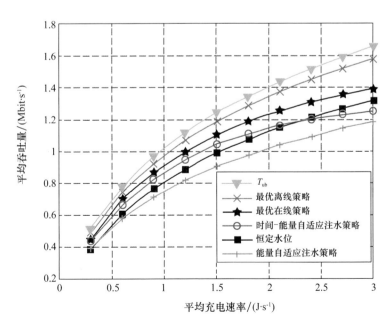

图 3.4　Nakagami 衰减信道下的系统平均吞吐量

在 Nakagami 信道衰减下($m=5$),对各策略在不同时间期限约束下进行模拟,结果如图 3.5 所示。这里,平均充电速率 $P=0.5$ J/s,$B_{max}=10$ J。由图 3.5 可见,随着期限的增加,稳定优化的恒定水位策略接近最优的在线策略,并得到结论:最佳在线策略对期限不敏感,时间期限约束的影响不明显,因此该约束不重要。进一步可以发现,无论时间期限如何,能量自适应注水策略的吞吐量大致是一个常数。此外,随着 T 的增加,时间–能量的适应性策略会变得更糟,这是因为能量在非常长的时间间隔"传播",使得传输功率非常小,以致能量在电池中不断累积,使大量能量因电池容量有限无法容纳而损失,因此该策略性能降低。

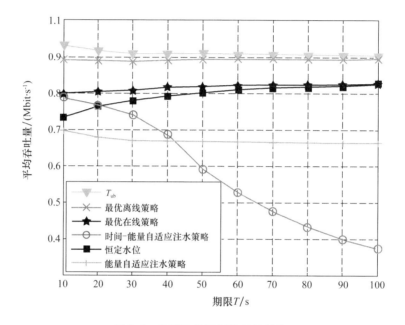

图 3.5　各策略关于期限 T 的性能

3.7　本章小结

本章研究了具有 EH 功能的无线通信系统的在线最优传输策略,在能量随机到达和信道随机衰落且不能获取 EH 和信道衰落的准确先验知识,但经长期观测统计和信道状态反馈得知 EH 过程和信道衰落的概率分布情况下,研究了该情况下的最优在线传输策略,根据其特点构建成 Markov 模型,用动态规划求解最优在线策略,以最大化某个时间期限内传送的平均比特率。所得的在线最优算法有很好的性能,但由于基于动态规划得到的最优在线传输算法固有的维度灾难,因此算法复杂度高。本章总结了相关降低在线算法复杂度的次优策略,在不同的配置下数值对离线和在线最优、次优算法的性能做了对比。该统计特性已知场景下的最优算法,需要获知 EH 过程和信道衰落的概率分布,仍有一定的局限性。

第4章 一般场景下EH无线通信系统功率实时优化

前面章节中离线最优算法和统计特性已知场景下的在线最优传输算法分别是基于EH和信道衰落的先验信息和统计特性(如概率分布)已知情况下得到的算法,但实际通信系统中EH受到很多因素的影响,如天气、位置、环境、气候等因素的影响,EH过程的概率分布也很难统计。本章研究了更一般场景下EH无线通信系统的传输功率优化,即EH过程为一般随机过程,不知道EH的概率分布。此外,信道衰落的统计知识也很难获得,这种一般场景更符合实际,获得的传输功率优化算法更具有普适性。

4.1 相关优化理论和方法

4.1.1 随机网络优化技术

随机网络优化理论是本研究在节点间能量控制管理、网络资源分配、公平调度等研究运用的关键技术。网络用队列积压的集合来描述,队列积压记为矢量形式 $\boldsymbol{Q}(t) = [Q_1(t), Q_2(t), \cdots, Q_N(t)]$。这里,$N$ 为非负整数,若 $N = 0$,则表示系统中没有队列。每个时隙 t 采取控制决策来决策影响队列的到达和离开,同时产生实值属性向量 $\boldsymbol{x}(t)$、$\boldsymbol{y}(t)$、$\boldsymbol{e}(t)$ 的集合,即

$$\begin{cases} \boldsymbol{x}(t) = [x_0(t), x_1(t), \cdots, x_M(t)] \\ \boldsymbol{y}(t) = [y_0(t), y_1(t), \cdots, y_L(t)] \\ \boldsymbol{e}(t) = [e_0(t), e_1(t), \cdots, e_J(t)] \end{cases} \tag{4.1}$$

式中,M、L、J 为非负整数。这些属性值可以为正,也可以为负,代表网络在 t 时隙相应的惩罚和收益,如功率消耗、失真、丢包或允许进入网络的信息包。这些属性可以用一般函数给出,即

$$\begin{cases} x_m(t) = \hat{x}_m[\alpha(t), \omega(t)], & \forall m \in \{0, 1, \cdots, M\} \\ y_l(t) = \hat{y}_l[\alpha(t), \omega(t)], & \forall l \in \{0, 1, \cdots, L\} \\ e_j(t) = \hat{e}_j[\alpha(t), \omega(t)], & \forall j \in \{0, 1, \cdots, J\} \end{cases} \tag{4.2}$$

式中,$\omega(t)$ 是 t 时隙观察到的随机事件,如新到达的信息包或信道状态;$\alpha(t)$ 是 t 时隙采取的控制决策,如信息包允许进入或者发送,决策在可能依赖于 $\omega(t)$ 的抽象集合 $A_{\omega(t)}$ 中选取。用 $\bar{x}_m$、$\bar{y}_l$、$\bar{e}_j$ 表示某种控制算法下 $x_m(t)$、$y_l(t)$、$e_j(t)$ 的时间平均。首先设计一种算法解决以下问题,即

$$\min \bar{y}_0$$

$$\text{s. t.} \begin{cases} \bar{y}_l \leqslant 0, & l \in \{1, \cdots, L\} \\ \bar{e}_j \leqslant 0, & j \in \{0, 1, \cdots, J\} \\ \alpha(t) \in A_{w(t)}, & \forall t \\ \text{所有网络队列稳定} \end{cases} \tag{4.3}$$

其次要解决的问题比以上的问题更为一般,也就是优化时间平均的凸函数。特别地,令 $f(x), g_1(x), \cdots, g_L(x)$ 表示从 R^M 到 R 的凸函数,令 N 表示 R^M 的一个闭凸子集,用 $\bar{x} = (\bar{x}_1, \cdots, \bar{x}_M)$ 代表属性 $x_m(t)$ 在给定控制算法下的时间平均,求解

$$\min \bar{y}_0 + f(\bar{x})$$

$$\text{s. t.} \begin{cases} \bar{y}_l + g_l(\bar{x}) \leqslant 0, & l \in \{1, \cdots, L\} \\ \bar{e}_j = 0, & j \in \{1, \cdots, J\} \\ \bar{x} \in N \\ \alpha(t) \in A_{\omega(t)}, & \forall t \\ \text{所有网络队列稳定} \end{cases} \tag{4.4}$$

以上问题的解是根据现有网络状态在时间上进行选择控制决策的一种算法,满足所有的约束并使目标函数尽可能达到最小。这类问题有广泛的应用,适用于没有潜在队列的网络。排队论在这类随机优化问题中起到中心作用,即使在原问题中没有潜在的队列,也可构建"虚队列"作为一种强有力的方法保证满足时间平均约束。以此为工具可以解决不同的 EH 无线网络的动态资源分配,实现网络性能优化。

4.1.2 Lyapunov 优化方法

Lyapunov 优化方法是从队列稳定性出发,以 Lyapunov 函数描述系统的不同时刻的状态特征,根据系统当前的状态做出适当的决策,以确保系统稳定,同时获得系统的优化策略。Lyapunov 优化理论适用于求解随机网络优化问题。优化目标函数的时间平均,受限于其他量的时间平均约束,无须知道时变事件统计特性的先验知识就能使目标无限趋于最优值。下面主要介绍 Lyapunov 优化方法在排队网络中的应用。

离散时间上排队网络中有 N 个队列,定义 $t(t = 0, 1, 2, \cdots)$ 时隙网络的队列向量为 $\boldsymbol{Q}(t) = [Q_1(t), Q_2(t), \cdots, Q_N(t)]$,每个队列下一时隙的更新由随机到达过程 $a_i(t)$ 和服务过程 $b_i(t)$ 共同决定,即

$$Q_i(t+1) = \max\{Q_i(t) - b_i(t), 0\} + a_i(t), \quad i = 1, 2, \cdots, N \tag{4.5}$$

定义 4.1(二次 Lyapunov 函数) 对于每个时隙 t,令 $L(t)$ 为当前队列积压的平方和,即

$$L(t) = \frac{1}{2} \sum_{i=1}^{N} \omega_i Q_i^2(t) \tag{4.6}$$

式中,ω_i 为各个队列的权重,通常设 $\omega_i = 1, i \in \{1, 2, \cdots, N\}$。二次 Lyapunov 函数描述了系统中所有队列积压的程度,其值为非负数。当且仅当所有队列的长度为 0 时,二次 Lyapunov 函数值为 0。

定义 4.2（Lyapunov 漂移）　定义 Lyapunov 漂移为二次 Lyapunov 函数相邻两个时刻的差值，即

$$\Delta L(t) \triangleq E\{L(t+1) - L(t)\} \tag{4.7}$$

可证明 Lyapunov 漂移具有上界，满足

$$E[\Delta L(t) \mid Q(t)] \leq C + \sum_{i=1}^{N} Q_i(t) E[a_i(t) - b_i(t) \mid Q(t)] \tag{4.8}$$

证明　对式（4.5）两边取平方，可得

$$Q_i^2(t+1) = (\max\{Q_i(t) - b_i(t), 0\} + a_i(t))^2 \leq (Q_i(t) + a_i(t) - b_i(t))^2 \tag{4.9}$$

整理得

$$
\begin{aligned}
Q_i^2(t+1) - Q_i^2(t) &\leq (Q_i(t) + a_i(t) - b_i(t))^2 - Q_i^2(t) \\
&= (a_i^2(t) + b_i^2(t) - 2a_i(t)b_i(t)) + 2Q_i(t)(a_i(t) - b_i(t))
\end{aligned}
\tag{4.10}
$$

对所有队列累加，可得

$$\Delta L(t) \leq B(t) + \sum_{i=1}^{N} (Q_i(t)(a_i(t) - b_i(t))) \tag{4.11}$$

其中

$$B(t) = \frac{1}{2} \sum_{i=1}^{N} (a_i^2(t) + b_i^2(t) - 2a_i(t)b_i(t))$$

如果到达队列和服务队列有限，则存在常数 $C > 0$，使任意队列向量 $Q(t)$ 都满足 $E[B(t) \mid Q(t)] < C$。因此，式（4.8）成立，又称为预期条件 Lyapunov 漂移上界。

定理 4.1（Lyapunov 漂移定理）　假设 Laypunov 函数满足 $E\{L(0)\} < \infty$，且存在常数 $C > 0, \sigma > 0$，对于任意时刻 t 和所有可能的队列向量 $Q(t)$ 都存在

$$E[\Delta L(t) \mid Q(t)] \leq C - \sigma \sum_{i=1}^{N} Q_i(t) \tag{4.12}$$

则对任意时刻的平均队列长度都满足

$$\frac{1}{t} \sum_{\tau=0}^{t-1} \sum_{i=1}^{N} E[Q_i(\tau)] \leq \frac{C}{\sigma} + \frac{E[L(0)]}{\sigma t} \tag{4.13}$$

证明　根据式（4.7）和式（4.12）可得

$$E[L(t+1) - L(t)] \leq C - \sigma \sum_{i=1}^{N} Q_i(t) \tag{4.14}$$

对所有的 $\tau \in \{0, 1, \cdots, t-1\}$ 进行上式的累加，有

$$E[L(t) - L(0)] \leq Bt - \sigma \sum_{\tau=0}^{t-1} \sum_{i=1}^{N} Q_i(t) \tag{4.15}$$

由于 $L(t)$ 的值为非负，因此两边同时除以 σ，重新排列上式可知定理 4.1 成立。

考虑一随机网络，其代价函数为 $f(t)$，其优化目标为保持稳定网络，同时最小化平均代价为 $f(t)$，该代价函数的最优值为 f^*，且满足边界约束，即

$$f(t) \geq f_{\min}, \quad t \in \{0, 1, 2, \cdots\} \tag{4.16}$$

实际应用中，该代价函数可能是网络的平均功耗或期望收益值，如最大化网络的吞

吐量。为实现优化目标,可采取最小化每个时隙"漂移+惩罚表达式"的贪婪行为,即

$$\min \Delta L(t) + Vf(t) \tag{4.17}$$

式中,V 为非负权值,用于调节队列积压和系统效用的折中因子。

定理 4.2(Lyapunov 优化) 假设 Lyapunov 函数满足 $E[L(0)] < \infty$,且存在常数 $C > 0$,$\sigma > 0$,$V > 0$ 和 f^*,对任意时隙 t 和所有可能的队列向量 $\mathbf{Q}(t)$,"漂移+惩罚"有

$$E[\Delta L(t) + Vf(t) \mid \mathbf{Q}(t)] \leqslant C + Vf^* - \sigma \sum_{i=1}^{N} Q_i(t) \tag{4.18}$$

对于任意的 $t > 0$,时间平均代价和时间平均队列积压都满足

$$\frac{1}{t} \sum_{\tau=0}^{t-1} E[f(\tau)] \leqslant f^* + \frac{C}{V} + \frac{E[L(0)]}{Vt} \tag{4.19}$$

$$\frac{1}{t} \sum_{\tau=0}^{t-1} \sum_{i=0}^{N} E[Q_i(\tau)] \leqslant \frac{C + V(f^* - f_{\min})}{\sigma} + \frac{E[L(0)]}{\sigma t} \tag{4.20}$$

证明 对式(4.18)两边去期望,则有

$$E\{\Delta L(t) + VE[f(t)]\} \leqslant C + Vf^* - \sigma \sum_{i=1}^{N} E[Q_i(t)] \tag{4.21}$$

式(4.18)对所有 t 都成立,将式(4.21)对 $\tau \in 0, 1, \cdots, t-1$ 进行累加,可得

$$E[\Delta L(t)] - E[\Delta L(0)] \leqslant (C + Vf^*)t - \sigma \sum_{\tau=0}^{t-1} \sum_{i=1}^{N} E[Q_i(\tau)] \tag{4.22}$$

因为 $L(t)$ 与 $Q_i(t)$ 均为非负值,所以

$$-E[\Delta L(0)] + V \sum_{\tau=0}^{t-1} E[f(\tau)] \leqslant (C + Vf^*)t \tag{4.23}$$

上式两边同时除以 Vt 得式(4.19),同理可证式(4.20)。

定理 4.2 表明,对于任意参数 V,都可以设计算法确保在式(4.18)成立的前提下,时间平均代价满足式(4.19),且获得的目标与最优值的偏差不超过 $\frac{C}{V}$。V 值越大,优化目标越接近最优值,但是网络队列的积压也随之越大。因此,在使用 Lyapunov 方法优化网络性能时,需要选取参数 V 的适当值,折中优化目标和队列长度。以此为工具将时延约束转换成虚队列的稳定问题,可以求解 EH 统计特性未知情况下的 EH 无线通信系统的能量管理、自适应传输方案及动态功率分配的优化问题。

4.2 一般场景下的模型构建

EH 无线通信系统中,假设发射机配备多种能量捕获器,可从不同的可再生源捕获能量,到达发射机的能量过程概率分布很难获知。此外,系统的无线信道因此衰落而随机波动,与随机到达的能量一样,信道状态也具有时变不可预测的特性,其模型如图 4.1 所示。系统有两个队列:数据队列和能量队列。系统的多个能量捕获器联合捕获的能量首先被缓存在充电电池(能量队列)中用于无线传输。充电电池具有不理想特性,如存储效率、漏电。数据和能量缓存器的容量被认为无限大,因此捕获的能量不会因容量限制而浪费。实际上,当缓存器容量相对于数据包和每个时隙的能量消耗足够大时,可

近似假设为容量无限大。例如,AA – NiMH 电池具有 7.7 kJ 的容量,TELOSB 有 1 MB 的闪存。此外,假设发射机有足够大的数据积压,因此总有数据等待发送。

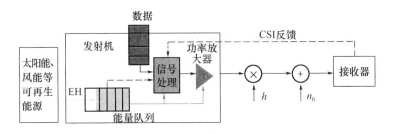

图 4.1　多种能量来源无线通信系统在衰落信道下的模型

　　系统在离散时间上运行,时隙 $t \in \{0,1,2,\cdots\}$,时间间隔固定为 Δt。信道随机衰落但在每个时隙内信道状态保持不变,假设发射机通过信道检测和反馈在每个时隙的初始获得信道的状态信息。简化起见,忽略因检测带来的开销。t 时隙的信道状态记为 $h(t)$,假设在每个时隙上是 i.i.d 的,且 $\forall t, h(t) \in H$,但统计知识未知,进一步假设 $h(t)$ 有界,$h_{\min} \leqslant h(t) \leqslant h_{\max}$。

　　t 时隙无线链路上的数据传输速率 $r(t)$ 取决于信道状态 $h(t)$ 和发射功率 $P(t)$,其关系为 $r(t) = g(P(t), h(t))$。这里,速率 – 功率函数 $g(\cdot)$ 决定了 t 时隙数据队列中能有多少比特被发送出去(当然,队列中的数据可能是数据包的形式,假设允许数据包在传输期间可以任意划分),函数 $g(\cdot)$ 单调不减,根据 Shannon 容量公式有

$$r(t) = g(P(t)) = \frac{1}{2}\log_2(1 + h(t)P(t)), \quad \forall t \qquad (4.24)$$

式中,$g(\cdot)$ 为凹函数,当 $P(t)$ 的值比较小时,函数 $g(\cdot)$ 为线性函数。例如,受能量约束的传感器节点就是比较典型的例子,商业上常用的收发器(如 CC1000、ADF7020、Ata542X 系列)都满足这一关系,即函数 $g(\cdot)$ 对于 SNR 重要的范围内为线性函数,且有 $g(0) = 0$,这个假设符合实际情况。

　　实际上,发射机的功率消耗 $P_{\text{fact}}(t)$ 包含两部分,即

$$P_{\text{fact}}(t) = P_{\text{con}} + P(t)$$

式中,P_{con} 是每时隙发射机信号处理消耗的功率,为一定值;$P(t)$ 表示发射功率,即决策的变量,取决于信道状态和电池中可用的能量。此外,$P(t)$ 由于发射机硬件的限制,因此有 $0 \leqslant P(t) \leqslant P_{\max}$,其中 $P_{\max}$ 是发射机的最大发射功率。

　　t 时隙联合捕获的能量之和记为 $b(t)$。$\{b(t)\}$ 是一般随机过程,统计特性未知,且对于任意 $t, b(t)$ 有界,即 $0 \leqslant b(t) \leqslant b_{\max}$。考虑到电池能量存储的效率,即 t 时隙捕获的能量只有一部分能量 $\alpha \cdot b(t)$ 存入电池,其中 $0 < \alpha < 1$。此外,由于电池的不理想特性,因此每时隙有 ε 单位的能量从电池泄露,这里 ε 为常数,则能量队列 $B(t)$ 更新为

$$B(t+1) = \max[B(t) - P_{\text{fact}}(t) \cdot \Delta t - \varepsilon, 0] + \alpha \cdot b(t) \qquad (4.25)$$

　　发射机每个时隙消耗的能量 $P_{\text{fact}}(t) \cdot \Delta t \leqslant B(t)$。从长期运行来看,发射机的平均能耗的期望必须小于等于平均能量捕获的期望,即系统必须满足

$$\overline{P} \cdot \Delta t \leqslant \alpha \overline{b} - \varepsilon$$

其中

$$\overline{P} = \lim_{t \to \infty} \frac{1}{t} \sum_{\tau=0}^{t-1} E\{P_{\text{fact}}(\tau)\}$$

$$\overline{b} = \lim_{t \to \infty} \frac{1}{t} \sum_{\tau=0}^{t-1} E\{b(\tau)\}$$

式中,$E\{\cdot\}$ 表示统计平均。

4.3 问题规划和求解

基于以上模型和问题描述,目标是在能量因果约束、发射功率约束和数据传输约束的情况下,最大化系统的平均吞吐量,问题规划为

$$\max \lim_{t \to \infty} \frac{\Delta t}{t} \sum_{\tau=0}^{t-1} E\{r(\tau)\} \tag{4.26}$$

$$\text{s. t. } \overline{P} \cdot \Delta t \leqslant \alpha \overline{b} - \varepsilon \tag{4.27}$$

$$P_{\text{fact}}(t) \cdot \Delta t \leqslant B(t) \tag{4.28}$$

$$0 \leqslant P(t) \leqslant P_{\max} \tag{4.29}$$

以上问题还受到式(4.24)和式(4.25)的约束。为求解以上问题,建立一个虚队列 $Z(t)$ 作为能量预算队列,根据虚队列稳定的定理,如果使该虚队列稳定,就能保证式(4.27)成立。令 $Z(0) = b(1)$,能量预算队列 $Z(t)$ 更新为

$$Z(t+1) = \max\{Z(t) - \alpha \cdot b(t), 0\} + P_{\text{fact}}(t) \cdot \Delta t + \varepsilon \tag{4.30}$$

定理 4.3 如果虚队列 $Z(t)$ 速率稳定,则约束 $\overline{P} \cdot \Delta t \leqslant \alpha \cdot \overline{b} - \varepsilon$ 总成立。

根据离散时间队列速率稳定的定义,$Z(t)$ 速率稳定,则有

$$\limsup_{t \to \infty} \frac{1}{t} E\{Z(t)\} = 0$$

证明 根据式(4.30)虚队列 $Z(\tau)$,可得

$$Z(\tau+1) = \max\{Z(\tau) - \alpha \cdot b(\tau), 0\} + P_{\text{fact}}(\tau) \cdot \Delta t + \varepsilon \tag{4.31}$$

则有

$$Z(\tau+1) \geqslant Z(\tau) - \alpha \cdot b(\tau) + P_{\text{fact}}(\tau) \cdot \Delta t + \varepsilon$$

这样,则有

$$Z(\tau+1) - Z(\tau) \geqslant P_{\text{fact}}(\tau) - [\alpha \cdot b(\tau) - \varepsilon] \tag{4.32}$$

将 τ 在 $0, \cdots, t-1$ 上累加,得到

$$Z(t) - Z(0) \geqslant \sum_{\tau=0}^{t-1} P_{\text{fact}}(\tau) \cdot \Delta t - \sum_{\tau=0}^{t-1} [\alpha \cdot b(\tau) - \varepsilon] \tag{4.33}$$

上式两边去期望,再除以 t,取极限 $t \to \infty$,则有

$$\lim_{t \to \infty} \frac{1}{t} E\{Z(t)\} \geqslant \lim_{t \to \infty} \frac{1}{t} \sum_{\tau}^{t-1} E\{P_{\text{fact}}(\tau) \cdot \Delta t\} - \lim_{t \to \infty} \frac{1}{t} \sum_{\tau}^{t-1} E\{\alpha \cdot b(\tau)\} + \varepsilon$$

$$\tag{4.34}$$

如果虚队列 $Z(t)$ 速率稳定,则根据稳定定义 $\lim_{t\to\infty}\dfrac{1}{t}E\{Z(t)\}=0$,有

$$\lim_{t\to\infty}\frac{1}{t}\sum_{\tau}^{t-1}E\{P_{\text{fact}}(\tau)\cdot\Delta t\}-\lim_{t\to\infty}\frac{1}{t}\sum_{\tau}^{t-1}E\{\alpha\cdot b(\tau)\}+\varepsilon\leqslant 0 \qquad (4.35)$$

成立,因此很容易得到

$$\bar{P}\cdot\Delta t\leqslant\alpha\bar{b}-\varepsilon$$

这样,式(4.26)~(4.29)实际就是一个随机网络优化问题,每时隙捕获的能量和信道状态都是随机变量,传输功率为决策变量,根据当前时隙电池中可用的能量,必须决策是否分配功率及分配多大功率,或等待将来信道状态以取得更好的能效,使系统平均吞吐量最大。

利用 Lyapunov 优化求解式(4.26)~(4.29),得到动态功率控制算法。首先定义 Lyapunov 函数 $L(t)\triangleq\dfrac{1}{2}Z(t)^2$,Lyapunov 漂移为

$$\Delta[L(t)]=E\{L(t+1)-L(t)\,|\,Z(t)\} \qquad (4.36)$$

观察当前队列的积压 $Z(t)$、$B(t)$,当前信道状态 $h(t)$,以及捕获的能量 $b(t)$,对 $P(t)$ 做决策,以最小化每个时隙表达式,即

$$\min\Delta[L(t)]-V\cdot E\{r(t)\,|\,Z(t)\} \qquad (4.37)$$

式(4.37)称为"漂移 + 惩罚"表达式,V 是一正参数,用于调节第一项(性能)和第二项(队列积压)的权重,其目标是最小化"漂移 + 惩罚"的加权和,可证明以下不等式有界,即

$$\begin{aligned}\Delta[L(t)]-V\cdot E\{r(t)\,|\,Z(t)\}\leqslant C_1-V\cdot E\{r(t)\,|\,Z(t)\}+\\Z(t)E\{P_{\text{fact}}(t)\cdot\Delta t+\varepsilon-\alpha\cdot b(t)\,|\,Z(t)\}\end{aligned} \qquad (4.38)$$

其中

$$C_1=\frac{(P_{\max}+\varepsilon)^2+\alpha^2\cdot b_{\max}^2}{2} \qquad (4.39)$$

最小化式(4.37)转化为最小化不等式(4.38)右边项的每个时隙的界限,从而得到以下动态优化算法。

在每个时隙 t,观察 $B(t)$、$Z(t)$、$h(t)$ 和 $b(t)$,根据以下优化选择传输功率 $P(t)$,即

$$\min Z(t)[P_{\text{fact}}(t)\cdot\Delta t+\varepsilon-\alpha\cdot b(t)]-V\cdot r(t) \qquad (4.40)$$

$$\text{s. t. }P_{\text{fact}}(t)\leqslant B(t) \qquad (4.41)$$

$$0\leqslant P(t)\leqslant P_{\max} \qquad (4.42)$$

然后分别根据式(4.25)和式(4.30)更新实队列 $B(t)$ 和虚队列 $Z(t)$。

代入式(4.24)和式(4.25)~(4.40),然后关于传输功率 $P(t)$ 微分,得到 t 时隙的最优传输功率,记为 $P^*(t)$,则有

$$P^*(t)=\frac{V}{2\ln 2\cdot Z(t)\Delta t}-\frac{1}{h(t)} \qquad (4.43)$$

基于式(4.41)和式(4.42),t 时隙实际传输功率为

$$P(t)=\min\{B(t)-\varepsilon-P_{\text{con}},\min[P_{\max},\max(P^*(t),0)]\} \qquad (4.44)$$

提出的动态功率控制算法如算法 4.1 所示,该算法只需要观测系统当前的状态

$B(t)$、$Z(t)$、$h(t)$ 和 $b(t)$，不需要知道 EH 和信道状态的先验知识。

算法 4.1　动态功率控制算法

---

1. 初始化：P_{con}、P_{max}、α、ε、V、T、$Z(1)=0$、$B(1)$
2. 循环执行：

  for $t=1:1:T$

   观测 $B(t)$、$Z(t)$、$h(t)$ 和 $b(t)$

   根据 $P^*(t) = \dfrac{V}{2\ln 2 \cdot Z(t)} - \dfrac{1}{h(t)}$ 求 $P^*(t)$

3. 根据 $P(t) = \min\left\{ B(t) - \varepsilon - P_{con}, \min\left[P_{max}, \max(P^*(t), 0) \right] \right\}$ 确定实际传输功率；
4. 分别根据下式更新 $B(t)$ 和 $Z(t)$：

$$B(t+1) = \max\left[B(t) - P_{fact}(t) - \varepsilon, 0 \right] + \alpha \cdot b(t)$$

$$Z(t+1) = \max\left[Z(t) - \alpha \cdot b(t), 0 \right] + P_{fact}(t) + \varepsilon$$

4.4　算法性能分析

定理 4.4　通过调节参数 V，提出算法得到的时间平均吞吐量的期望与最优目标 C_{opt} 最大相差 C_1/V，通过调节参数 V 可无限接近最优目标值 C_{opt}，有

$$C_{opt} - \frac{C_1}{V} \leqslant \lim_{t \to \infty} \frac{1}{t} \sum_{\tau=0}^{t-1} E\{ r(\tau) \} \leqslant C_{opt} \tag{4.45}$$

式中，C_1 的值由式(4.39)给出。

证明　式(4.45)右边的不等式显然成立，因此只需证明式(4.45)左边的不等式。因为提出的算法最小化不等式(4.38)的右边项，故假设提出的算法的得到解和最优解分别记为 $P_{pro}(t)$ 和 $C_{opt}(t)$，最大化吞吐量(最优目标值)为 C_{opt}，代入不等式(4.38)，则有

$$\Delta[L(t)] - V \cdot E\{ r(t) \mid Z(t) \}$$
$$= \Delta[L(t)] - V \cdot E\{ g(P_{pro}(t), h(t)) \mid Z(t) \}$$
$$\leqslant C_1 - V \cdot E\{ g(P_{pro}(t), h(t)) \mid Z(t) \} + Z(t) E\{ P_{pro}(t) + \varepsilon - \alpha \cdot b(t) \mid Z(t) \}$$
$$\leqslant C_1 - V \cdot C_{opt} \tag{4.46}$$

式(4.46)基于以下事实，即

$$\lim_{T \to \infty} \frac{1}{T} \sum_{t=0}^{T-1} E\{ P_{fact}(t) \cdot \Delta t + \varepsilon - \alpha \cdot b(t) \mid Z(t) \} \leqslant 0 \tag{4.47}$$

对式(4.46)关于 t 在 $0, \cdots, T$ 上求和，得到

$$L(T) - L(0) - V \sum_{t=0}^{T-1} E\{g(P_{pro}(t), h(t))\} \leqslant C_1 T - VT \cdot C_{opt} \tag{4.48}$$

又因为 $L(T) \geqslant 0$ 且 $L(0) = 0$，故式（4.38）两边除以 $-VT$，令 $T \to \infty$，得到

$$\lim_{T \to \infty} \frac{1}{T} \sum_{t=0}^{T-1} E\{r(t)\} \geqslant C_{opt} - \frac{C_1}{V} \tag{4.49}$$

证毕。

定理 4.4 的最优目标值 C_{opt} 是指在所有优化策略下最优的目标值。第 3 章统计特性已知场景下基于 DP 方法的最优算法能达到最优目标值，本章基于 Lyapunov 方法提出的一般场景下的优化算法，由式（4.45）可知，通过选择参数 V 使得 C_1/V 任意小，得到平均吞吐量任意接近最优目标值。但是 V 取值越大，能量预算队列 $Z(t)$ 积压越大，因此参数 V 调节队列尺寸和目标性能，为折中参数。当参数 V 的值超过一定值时，队列积压和最优目标将趋近饱和。

本章基于 Lyapunov 方法提出的动态算法简单，易于实现，只需观测每个时隙系统当前的状态 $B(t)$、$Z(t)$、$h(t)$ 和 $b(t)$，求解式（4.43）的 $P^*(t)$ 即可。尽管所提算法性能与基于 DP 得到的在线算法相差 C_1/V（通过选择参数 V 使得 C_1/V 任意小），但基于 DP 得到的在线算法复杂度高，复杂度与时隙的个数成指数增长关系，提出的算法复杂度仍仅与变量的个数成线性关系，复杂度低。此外，基于 Lyapunov 优化提出算法不需要 EH 过程和信道状态变化过程的先验统计知识，而基于 DP 得到在线算法需要这些随机过程的先验统计知识。因此，提出的动态功率控制算法具有普适性。

4.5　仿真结果

为评估提出的动态功率控制算法的性能，考虑一个基于 IEEE 802.15.4e 标准的无线通信网络。以传感器节点为例，无线通信网络的时隙长度设置为 $\Delta t = 1$ ms，平均每时隙捕获的能量为 20 μJ/时隙。为方便仿真并与文献［85］中提出的算法进行比较，一般场景下的仿真参数设置见表 4.1。表中假设能量到达过程为泊松过程（Poisson Process），而提出的算法性能分析已表明提出的算法不依赖于能量到达过程的概率分布。

表 4.1　一般场景下的仿真参数设置

参数	数值	参数	数值
时隙间隔	1 ms	噪声功率	− 110 dBm
带宽	1 MHz	平均路径损耗	− 100 dB

续表 4.1

参数	数值	参数	数值
最大发送功率	10 mW	电池漏电因子 ε	10 μJ/时隙
电路消耗恒定功率	1 mW	EH 过程	泊松过程
能量存储因子	0.9	EH 平均速率	60 μJ/时隙

为更好地评估提出的算法,将本章 Lyapunov 优化推出的算法(简记为 L.O)与文献 [85] 中已知统计知识场景下的吞吐量最优算法(简记为 T.O)相比,将吞吐量归一化,重点比较累计传输的数据,比较结果如图 4.2 和图 4.3 所示。图 4.2 中,假设充电电池有初始能量,$B(0) = 20$ J,可以看出基于 Lyapunov 优化的算法性能优于文献 [85] 中的算法,这是因为文献 [85] 中吞吐量最优算法是针对电池没有初始能量设计的。图 4.3 中,假设充电电池没有初始能量,$B(0) = 0$ J,可以看出两种算法的性能曲线几乎重合,这意味着基于 Lyapunov 优化提出的算法与最优吞吐量算法具有相同的性能,但是基于 Lyapunov 优化提出的算法的优势是不需要能量到达过程和信道状态波动的先验统计知识。

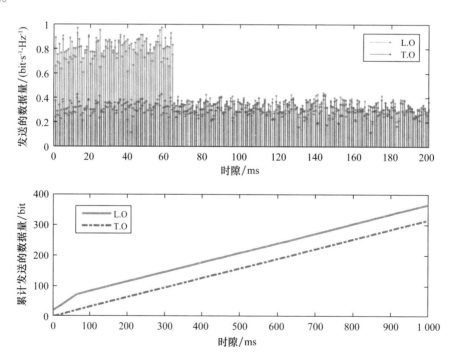

图 4.2　两种算法在电池有初始电量情况下的性能比较($B(0) = 20$ J)

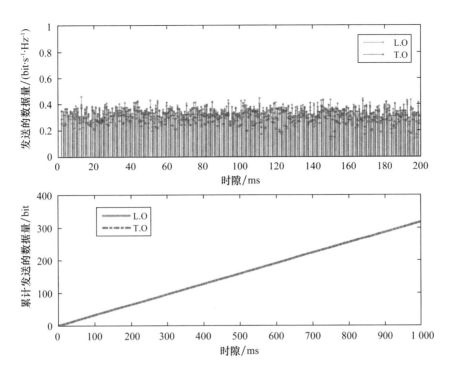

图 4.3　两种算法在电池没有初始电量情况下的性能比较（$B(0)=0$ J）

为考查参数 V 取值对算法性能的影响，图 4.4 所示为参数 V 取值对算法性能的影响，这里假设充电电池有初始能量，$B(0)=20$ J。由图 4.4 可见，当 V 取值大于一定值（图 4.4 中 $V>90$）时，算法的性能达到饱和。

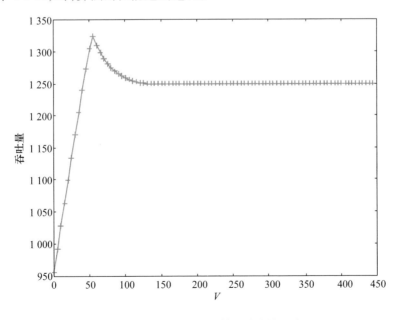

图 4.4　参数 V 取值对算法性能的影响

4.6　本章小结

本章研究了一般场景下 EH 无线通信系统的动态功率控制问题。在 EH 和信道状态时变,其统计知识未知的情况下,本章基于 Lyapunov 优化提出了一种动态功率控制方案,其目的是最大化一般场景下 EH 无线通信系统的吞吐量,提出的算法简单、易于实现、复杂度低。本章从理论上对提出的算法性能进行了分析,调节参数 V 可使优化目标无限趋于最优。仿真结果表明,提出的算法长时间运行,其性能与已知随机过程统计知识得到的最优算法的性能相同,而本章提出的算法不需要获取 EH 和信道的统计特性,具有普适性。

第5章 混合供电无线系统的 功率分配及调度优化

前面章节研究的均是 EH 源作为唯一供电源的无线通信系统。由于 EH 具有随机性和间歇性,对于大功率无线通信节点(如基站)只使用 EH 源供电不能保证通信的稳定性和可靠性,因此混合供电(以 EH 源为主,以传统电网为补充的方式)的无线通信起到了重要作用。本章首先考虑混合供电单用户无线通信系统在一般场景下的优化问题,即在无线传输信道、能量到达、数据到达具有随机性和电池容量、数据缓存容量受限的条件下,对混合供电单用户系统建模,构建满足时延要求的虚队列,基于 Lyapunov 优化方法提出单用户系统的功率分配和调度优化算法,然后扩展到多用户,包括多用户之间的调度和供电源的调度。提出的最优动态算法使系统在满足用户时延约束的条件下最小化从传统电网的能耗,以充分利用收集的清洁能量,减少二氧化碳的排放。

5.1 混合供电单用户传输功率和调度优化

5G 网络中,支持小区服务和异构网络的各基站被密集部署。为减轻功耗,保证通信的服务质量,优先使用以 EH 源为主,以传统电网为补充的混合供电成为有效的通信供电模式。目前,围绕混合能源供电通信系统的研究主要集中于两个方面:在一定的性能要求下减少传统电网的能量消耗;在瞬时或长期可利用能量的约束下提高通信系统的性能。这些研究从方法上仍然主要为离线研究算法和统计特性已知的在线算法。在一个实际的混合能源供电通信系统中,动态的移动数据流及时变信道状态与 EH 过程一样,都具有随机性,很难获得它们未来的确知信息或统计特性。而对于混合能源供电的通信系统的大多数研究,所提出的在线算法不适用于统计特性未知的混合能源供电无线通信系统。

首先,考虑 EH 过程、随机到达发射机的数据及信道状态概率分布未知的情况下,研究单用户无线通信中混合供电发射机的能量调度和自适应发送功率问题,在保证数据等待时延不超过给定要求的前提下,有效利用从可再生源捕获的能量,尽可能减少发射机从传统电网的能耗,从而减少二氧化碳的排放量,为混合供电发射机提供一般场景下

(未知随机过程统计信息)的能量调度和自适应功率算法。

5.1.1 建模和问题描述

混合供电发射机在点到点通信链路中的通信模型如图 5.1 所示,发射机(Tx)由可再生能源和传统电网组成的混合供电源共同供电。发射机配备的各种 EH 器件从不同可再生源(如太阳能、风能等)中联合捕获的能量缓存在能量队列(充电电池)中,很难获得 EH 过程的统计特性,数据随机到达发射机进入数据队列排队等待传输。由于发射机的主要能耗是发送数据所带来的能耗,而信号处理带来的能耗相对较小,因此简化起见,假设能量队列中缓存的能量只供发射机发送数据使用,其他能量损耗(如信号处理带来的能耗)由传统电网提供。

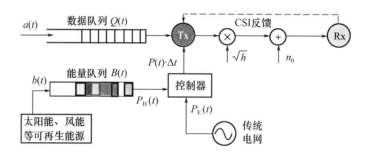

5.1　混合供电发射机在点到点通信链路中的通信模型

假设发射机在离散时间 $t(t=0,1,2,\cdots)$ 上运行,时隙间隔固定为 Δt。发射机通过无线信道发送数据,工作过程中捕获的能量和数据随机到达,且无线信道衰落时变。假设 EH 过程、数据到达过程及时变信道状态在时隙上 i.i.d,但概率分布未知。假设 t 时隙内随机到达发射机的数据量用 $a(t)$ 表示,到达的数据进入数据队列 $Q(t)$ 排队等待传输。这里,$Q(t)$ 表示 t 时隙数据队列的积压,即等待发送的数据量,假设发射机传输之前数据队列的初值 $Q(0)=0$。在发射机的服务下,该时隙内离开数据队列的数据量记为 $r(t)\cdot\Delta t$,$r(t)$ 是 t 时隙无线链路的传输速率,即表示平均有多少比特的数据被传输,仍假设数据包可以任意分割。则下一时隙数据队列的积压 $Q(t+1)$(数据队列更新公式)为

$$Q(t+1)=\max[Q(t)-r(t)\cdot\Delta t,0]+a(t) \tag{5.1}$$

$r(t)$ 的大小取决于发射机的发送功率 $P(t)$ 和时变信道当前时刻的信道状态 $h(t)$(即链路增益)。从前面的章节可知"速率-功率"公式,即

$$r(t)=\frac{1}{2}\log_2[1+h(t)\cdot P(t)] \tag{5.2}$$

假设时变信道的信道状态 $\forall t, h(t) \in H$，H 为有限集，每个时隙内信道状态 $h(t)$ 保持不变，且有 $h_{\min} \leqslant h(t) \leqslant h_{\max}$，这里 $h_{\min}$、$h_{\max}$ 为常数。

由于数据源源不断地到达发射机等待传输，因此为使数据队列积压有限，发射机应该尽可能地发送数据以避免数据积压越来越多；而为使发射机从传统电网的能耗最小，则应等待收集更多的能量，且选择信道状态较好的时隙发送数据。因此，发射机决策 t 时隙的发送功率 $P(t)$ 大小取决于数据队列的当前积压、接收用户可忍受的时延、信道状态及能量队列中的可用电量，即等待收集更多的能量或更好的链路状况，还是迫于队列积压过多造成数据等待时延太大而不得不从传统电网消耗能量。这里，$0 \leqslant P(t) \leqslant P_{\max}$，$P_{\max}$ 为发射机的最大发送功率。发射机实际工作时会损耗一部分能量，用 $\dfrac{1}{\rho}$ 表示发射机的效率，为常数，则 t 时隙发射机总的消耗功率为 $\rho P(t)$。控制器根据发射机的当前发送功率 $P(t)$ 的大小，决策从能量队列和传统电网分别消耗多少能量，因此有

$$P(t) = P_{\mathrm{H}}(t) + P_{\mathrm{E}}(t) \tag{5.3}$$

式中，$P_{\mathrm{H}}(t)$ 是从能量队列消耗的功率；$P_{\mathrm{E}}(t)$ 是从传统电网消耗的功率；$P_{\mathrm{H}}(t) \geqslant 0$ 且 $P_{\mathrm{E}}(t) \geqslant 0$。

假设 t 时隙到达能量队列的电量为 $b(t)$ 个单位，当前存储的能量用 $B(t)$ 表示，电池的特性不理想，每时隙的漏电量为 ε（假设为常数），则能量队列 $B(t)$ 更新为

$$B(t+1) = \min\left[\max(B(t) - \rho P_{\mathrm{H}}(t) \cdot \Delta t - \varepsilon, 0) + b(t), B_{\max}\right] \tag{5.4}$$

式中，$B_{\max}$ 是能量队列（电池）的最大容量，假设能量队列初值 $B(0) = 0$。由于能量队列容量有限并且漏电，因此应控制发射机优先使用能量队列里存储的能量，以便将来可容纳更多捕获的能量，从而减少因电池容量有限造成能量溢出而产生的浪费，当能量队列中的可用能量不足以发射机综合各因素决策的功率消耗时，才消耗传统电网的电量。

5.1.2　问题规划

基于上述模型，本书的目标是在 EH 过程、数据到达及信道状态概率分布未知的情况下，发射机自适应地调整发送功率，并通过控制器对混合电源供电调度，在满足数据队列积压有限且数据等待时延不超过用户要求的条件下，使发射机从传统电网消耗的平均电量最小。该问题可规划成随机网络优化问题，描述为

$$\min \lim_{t \to \infty} \frac{1}{t} \sum_{\tau=0}^{t-1} E\{\rho P_{\mathrm{E}}(\tau) \cdot \Delta t\} \tag{5.5}$$

$$\mathrm{s.\,t.}\ \ \overline{Q(t)} < \infty \tag{5.6}$$

$$Q(t) \text{ 中所有数据等待小于 } T_{\max} \tag{5.7}$$

$$r(t) = \frac{1}{2}\log_2\left[1 + P(t) \cdot h(t)\right], \quad \forall t \tag{5.8}$$

$$P(t) = P_H(t) + P_E(t) \tag{5.9}$$

$$0 \leqslant P(t) \leqslant P_{max} \tag{5.10}$$

$$P_H(t) \geqslant 0, \quad P_E(t) \geqslant 0 \tag{5.11}$$

式(5.6)是数据队列稳定的定义。其中，$\overline{Q(t)} = \limsup\limits_{T \to \infty} \frac{1}{T} \sum\limits_{t=0}^{T-1} E\{Q(t)\}$，即表示数据队列积压有限，$E\{\cdot\}$ 表示期望。式(5.7)保证数据队列中数据等待的最大时间不超过接收用户可容忍时延 T_{max}。为保证式(5.5)~(5.11)总可行，假设任一数据到达 $a(t)$ 属于集合 Λ，集合 Λ 落在问题的可行域。文献[87]中定义了在所有可能的功率空间中数据到达矢量的容量域，该容量域为一闭集。

5.1.3 Lyapunov 优化

为实现式(5.7)，需要构造一个虚队列来解决这一问题。令 $Z(t)$ 表示虚队列，且有 $Z(0) = 0$，固定参数 $\delta > 0$，虚队列根据以下公式更新，即

$$Z(t+1) = \max\left[Z(t) + \delta \cdot 1_{\{Q(t)>0\}} - r(t), 0\right] \tag{5.12}$$

式中，$1_{\{Q(t)>0\}}$ 是一个指示变量，当 $Q(t) > 0$ 时，其值为 1，否则为 0。常数 δ 意味着对虚队列积压的惩罚，用于调节虚队列 $Z(t)$ 的增长速度，δ 看上去像是虚队列 $Z(t)$ 的到达过程，在实队列积压非空的情况下，每个时隙到达 δ，而虚队列的服务速率则与实队列相同（都为 $r(t)$）。如果通过控制发送功率 $P(t)$，使实队列 $Q(t)$ 和虚队列 $Z(t)$ 稳定，即上确界有限，则可以保证发射机对数据队列中所有数据等待的最大时间不超过 T_{max} 个时隙。以下引理给出 T_{max} 的值。

引理 5.1 假设通过控制发送功率，对于所有时隙 t，有 $Q(t) \leqslant Q_{max}$，$Z(t) \leqslant Z_{max}$，Q_{max} 和 Z_{max} 为正常数，那么数据队列中所有数据等待服务的时间，最大不超过 T_{max} 个时隙。这里，T_{max} 为

$$T_{max} = \frac{Q_{max} + Z_{max}}{\delta} \tag{5.13}$$

引理 5.1 的证明可参考文献[103]中 Lyapunov 优化方法推导出。根据引理 5.1 调整参数 δ 可改变数据队列的最大等待时延 T_{max}，使其满足接收用户的时延要求。现在，式(5.5)~(5.11)中的式(5.7)则转变为

$$\overline{Q(t)} < \infty \ \text{且} \ \overline{Z(t)} < \infty \tag{5.14}$$

即令实队列 $Q(t)$ 和虚队列 $Z(t)$ 稳定，保证数据队列中数据最大等待不超过接收用户的要求 T_{max}。

利用 Lyapunov 优化方法求解以上优化问题,推导出一种自适应功率和能量调度算法,在满足所有实队列和虚队列稳定的条件下,使发射机从传统电网消耗的平均电量无限趋于最小,且能保证各数据队列中数据的等待不超过各用户可容忍的时延。首先定义 Lyapunov 函数。

令 $\boldsymbol{\Theta}(t) = [Q(t), Z(t)]$,即实队列和虚队列的联合矢量。定义 Lyapunov 函数

$$L(\boldsymbol{\Theta}(t)) \triangleq \frac{1}{2}[Q(t)^2 + Z(t)^2]$$

作为同时衡量 $Q(t)$ 和 $Z(t)$ 积压的标量,则一个时隙的 Lyapunov 漂移为

$$\Delta L(\boldsymbol{\Theta}(t)) \triangleq E\{L(\boldsymbol{\Theta}(t+1)) - L(\boldsymbol{\Theta}(t)) | \boldsymbol{\Theta}(t)|\} \tag{5.15}$$

根据当前队列 $Q(t)$ 和 $Z(t)$ 的积压和当前信道状态 $h(t)$,做出的发送功率决策使式(5.16)最小,即

$$\min \Delta L(\boldsymbol{\Theta}(t)) + VE\{\rho P_E(t) \cdot \Delta t | \boldsymbol{\Theta}(t)\} \tag{5.16}$$

式(5.16)即"漂移 + 惩罚"表达式。第一项是 Lyapunov 漂移,表示队列积压的情况(根据 Little 公式,即反映数据的时延状况);而第二项则是发射机从传统电网平均的消耗能量,即优化目标,表示性能。V 是一个正参数,用于调节第一项和第二项在整个优化中所占的比重,即性能 – 时延的折中调节参数。如果只最小化第一项 $\Delta L(\boldsymbol{\Theta}(t))$,则可使实队列和虚队列同时有很小的积压,但性能可能会很差;如果只最小化第二项,则不能保证队列稳定。因此,目标是最小化"漂移 + 惩罚"的加权和,经证明该表达式有界。所有时隙内,"漂移 + 惩罚"表达式满足

$$\Delta L(\boldsymbol{\Theta}(t)) + VE\{\rho P_E(t) \cdot \Delta t | \boldsymbol{\Theta}(t)\}$$
$$\leqslant C_2 + VE\{\rho P_E(t) \cdot \Delta t | \boldsymbol{\Theta}(t)\} + Q(t)E\{a(t) - r(t)\Delta t | \boldsymbol{\Theta}(t)\} +$$
$$Z(t)E\{\sigma - r(t)\Delta t | \boldsymbol{\Theta}(t)\} \tag{5.17}$$

这里,C_2 为常数,具体表示为

$$C_2 = \frac{[(a_{max})^2 + (r_{max}\Delta t)^2]}{2} + \frac{\max[\delta^2, (r_{max}\Delta t)^2]}{2} \tag{5.18}$$

式中,a_{max} 和 r_{max} 分别为所有时隙中数据队列的最大数据到达和最大服务速率。

利用 Lyapunov 优化方法,将待求解的问题转化为最小化每个时隙的"漂移 + 惩罚"表达式(5.17),该表达式有界,从而等效于最小化每个时隙的不等式(5.17)右边的各项,即

$$\min V\rho P_E(t) \cdot \Delta t + Q(t)[a(t) - r(t)\Delta t] + Z(t)[\delta - r(t)\Delta t] \tag{5.19}$$

简化式(5.19)得

$$\rho P_E(t) \cdot \Delta t = \max[\rho P(t) \cdot \Delta t - B(t), 0]$$

除去决策变量 $P(t)$ 无关项,则原问题转化为

$$\min \rho V P(t)\Delta t - [Z(t) + Q(t)] r(t)\Delta t \tag{5.20}$$

$$\text{s.t. } \rho P(t) \cdot \Delta t \geq B(t) \tag{5.21}$$

求解式(5.20)(在式(5.8)~(5.11)和式(5.21)约束下),t 时隙为使式(5.20)最小,用户的最佳发送功率记为 $P^*(t)$,有

$$P^*(t) = \arg\min_{P(t)}\left\{\rho V \cdot P(t)\Delta t - \frac{\Delta t}{2}(Z(t) + Q(t))\log_2(1 + P(t)h(t))\right\} \tag{5.22}$$

求解 $P^*(t)$,代入速率-功率式(5.2),对决策变量 $P(t)$ 求偏导,求得

$$P^*(t) = \frac{Q(t) + Z(t)}{2\ln 2 \cdot \rho V} - \frac{1}{h(t)} \tag{5.23}$$

由式(5.23)可知,发射机 t 时隙的最佳发送功率 $P^*(t)$ 与当前队列积压 $Q(t)$、$Z(t)$ 和信道状态 $h(t)$ 有关。

5.1.4 实时算法

求解以上优化目标,得到的实时算法如下。

(1)自适应发送功率。

任意 t 时隙,发射机的发送功率大小为 $P^*(t)$(由式(5.23)求得),但由于发射机的发送功率受限于峰值功率的约束($0 \leq P^*(t) \leq P_{\max}$),因此 t 时隙发射机的实际发送功率为 $\min[P_{\max}, \max(P^*(t), 0)]$。

(2)队列更新。

分别根据式(5.1)、式(5.4)和式(5.12)更新数据队列、能量队列和虚队列,基于 $t+1$ 时刻的队列积压和信道状况,用(1)中的决策方法进行 $t+1$ 时刻发射机的发送功率。

(3)供电源调度。

如果 t 时隙 $\rho P(t)\Delta t \leq B(t)$ 成立,则发射机从能量队列获取的功率 $P_{\mathrm{H}}(t) = \rho P(t)$,从传统电网获取的功率 $P_{\mathrm{E}}(t) = 0$,即该时隙发射机不需要从传统电网获取额外能量,控制器控制发射机只从充电电池获取能量;否则,发射机需要从能量队列和传统电网同时获取能量,控制器控制发射机分别从二者获取的功率大小为

$$P_{\mathrm{H}}(t) = \frac{B(t)}{\Delta t}$$

$$P_{\mathrm{E}}(t) = \frac{\rho P(t) - B(t)}{\Delta t}$$

5.1.5 算法性能分析

定理 5.1 假设数据到达 $a(t) \in \Lambda(t=1,2,\cdots,\Lambda)$ 落在问题的可行域。如果固定参数 $\delta, 0 \leq \delta \leq a_{\max}$，且 $V > 0$，则提出的算法的性能如下。

（1）在所有的时隙中，队列 $Q(t)$ 和 $Z(t)$ 的上确界分别为

$$Q_{\max} = 2\ln 2 \cdot \rho V \left(\frac{1}{h_{\min}} + P_{\max} \right) + a_{\max} \tag{5.24}$$

$$Z_{\max} = 2\ln 2 \cdot \rho V \left(\frac{1}{h_{\min}} + P_{\max} \right) + \delta \tag{5.25}$$

（2）数据队列中数据等待服务的最大时延 $T_{\max}$ 为

$$T_{\max} = \frac{4\ln 2 \cdot \rho V \left(\dfrac{1}{h_{\min}} + P_{\max} \right) + a_{\max} + \delta}{\delta} \tag{5.26}$$

（3）若给定 δ，且 $\delta \leq E\{a(t)\}$，则基于本书提出的算法，发射机从传统电网获取的能量，其期望的平均值跟最优值 C_{opt} 的差值不超过 C_2/V，即

$$\lim_{t \to \infty} \frac{1}{t} \sum_{\tau=0}^{t-1} E\{\rho P_{\mathrm{E}}(\tau) \cdot \Delta t\} \leq C_{\mathrm{opt}} + \frac{C_2}{V} \tag{5.27}$$

式中，C_2 为常数，在式（5.18）中已给出。

由定理 5.1 可看出提出的算法，数据队列的积压（即数据等待的时延）随参数 V 取值增大而增大，而算法的性能（即发射机从传统电网消耗的能量）随参数 V 的增大而减小，V 的取值根据系统设计需要进行设置。

证明 （1）用归纳法证明

$$Q(t) \leq Q_{\max} = 2\ln 2 \cdot \rho V \left(\frac{1}{h_{\min}} + P_{\max} \right) + a_{\max}, \quad \forall t$$

在 $t = 0$ 时显然成立（因为 $Q(0) = 0$）。

假设 $Q(t) \leq 2\ln 2 \cdot \rho V \left(\dfrac{1}{h_{\min}} + P_{\max} \right) + a_{\max}, \forall t$，下面需要证明 $t+1$ 时也成立。

①如果 $Q(t) \leq 2\ln 2 \cdot \rho V \left(\dfrac{1}{h_{\min}} + P_{\max} \right)$，而数据队列最大增长为 $a_{\max}$，则有

$$Q(t+1) \leq 2\ln 2 \cdot \rho V \left(\frac{1}{h_{\min}} + P_{\max} \right) + a_{\max}$$

②如果数据队列 $Q(t) > 2\ln 2 \cdot \rho V \left(\dfrac{1}{h_{\min}} + P_{\max} \right)$，由于 $Z(t) \geq 0$，因此有 $Q(t) + Z(t) >$

$2\ln 2 \cdot \rho V \left(\dfrac{1}{h_{\min}} + P_{\max} \right)$。根据式（5.23），若有 $P^*(t) > P_{\max}$，则基于提出的算法，取

$P^*(t) = P_{\max}$，这样该数据队列作为该时隙的被服务队列。由于 $r(P_{\max}, h_{\min}) \geq a_{\max}$，因

此该数据队列下一时隙的积压满足

$$Q(t+1) \leqslant Q(t) \leqslant 2\ln 2 \cdot \rho V\left(\frac{1}{h_{\min}} + P_{\max}\right) + a_{\max}$$

因此,$Q(t) \leqslant Q_{\max} = 2\ln 2 \cdot \rho V\left(\frac{1}{h_{\min}} + P_{\max}\right) + a_{\max}$ 对于所有的 t 都成立。同理,可证得

$$Z_{\max} = 2\ln 2 \cdot \rho V\left(\frac{1}{h_{\min}} + P_{\max}\right) + \delta, \quad \forall t$$

（2）将以上证明的结果代入引理 5.1 中的式（5.13）中,即可证明。

（3）本章提出的算法最小化不等式（5.17）的右边部分,假设该算法的发送功率和最优发送功率分别用 $P_{pro}(t)$ 和 $C_{opt}(t)$ 表示,发射机从传统电网获取的最小能量用 C_{opt} 表示,将功率分配代入不等式（5.17）,则有

$$
\begin{aligned}
&\Delta L(\boldsymbol{\Theta}(t)) + V E\{\rho P_E(t) \cdot \Delta t \mid \boldsymbol{\Theta}(t)\} \\
&= L(\boldsymbol{\Theta}(t)) + E\{\max[\rho P_{pro}(t)\Delta t - B(t), 0]\} \\
&\leqslant C_2 + V E\{\max[\rho C_{opt}(t)\Delta t - B(t), 0] \mid \boldsymbol{\Theta}(t)\} + \\
&\quad Q(t) E\{a_n(t) - r(C_{opt}(t), h_n(t))\Delta t \mid \boldsymbol{\Theta}(t)\} + \\
&\quad Z(t) E\{\delta - r(C_{opt}(t), h(t))\Delta t \mid \boldsymbol{\Theta}(t)\} \\
&\leqslant C_2 + V C_{opt} \quad\quad\quad\quad\quad\quad\quad\quad\quad\quad\quad\quad\quad (5.28)
\end{aligned}
$$

式（5.28）成立基于以下事实（以上问题可行的必要条件）,即

$$\lim_{T \to \infty} \frac{1}{T} \sum_{t=0}^{T-1} E\{a(t) - r(C_{opt}(t), h(t))\Delta t \mid \boldsymbol{\Theta}(t)\} \leqslant 0$$

$$\lim_{T \to \infty} \frac{1}{T} \sum_{t=0}^{T-1} E\{\delta - r(C_{opt}(t), h(t))\Delta t \mid \boldsymbol{\Theta}(t)\} \leqslant 0$$

对不等式（5.28）在 $t \in \{0, \cdots, T\}$ 上求和,可得

$$L(\boldsymbol{\Theta}(T)) - L(\boldsymbol{\Theta}(0)) + V E\{\max(\rho P_{pro}(t)\Delta t - B(t), 0)\} \leqslant C_2 T + VT \cdot C_{opt}$$

$$(5.29)$$

由于 $L(\boldsymbol{\Theta}(T)) \geqslant 0, L(\boldsymbol{\Theta}(0)) = 0$,因此式（5.29）两边同时除以 VT,再取极限 $T \to \infty$,有

$$\lim_{T \to \infty} \frac{1}{T} \sum_{t=0}^{T-1} E\{\max[\rho P_{pro}(t)\Delta t - B(t), 0]\} \leqslant C_{opt} + \frac{C_2}{V}$$

证毕。

本章提出的算法的性能分析表明数据队列的积压与参数 V 成线性增长,而目标函数（从传统电网平均消耗的能量）则随着 V 的增大而更接近最优值。因此,V 是一个调

节参数,平衡性能和时延。通过调节参数 V 可迫使目标函数值任意接近最优值,但是数据队列的积压可能会较大,因此应选择合适 V 值。为减小最大等待时延 $T_{\max}$, δ 的值应当尽可能大,但要满足 $\delta \leqslant E\{a(t)\}$,如果 $E\{a(t)\}$ 给出,则可使 $\delta = E\{a(t)\}$。

基于 Lyapunov 提出的实时发送功率和能量调度算法,最小化从传统电网平均消耗的能量,提出的算法只与每时隙的观测值 $D(t)$、$Z(t)$、$a(t)$、$b(t)$ 和 $B(t)$ 有关,因此该算法易于实现。文献[18]、[67]中基于动态规划提出的最优资源分配算法,其复杂度与有限的时隙个数成指数增长,特别是对维度大的系统(如多队列)优化,采用 DP 的方法,其复杂度很大。此外,基于 DP 的优化算法需要知道 EH、数据到达及信道状况的统计分布知识,而提出的算法不需要知道这些随机过程的统计分布知识。

5.1.6　数值仿真

为验证提出的算法的有效性,在 Matlab 中用数值仿真。由于理论分析得知算法的性能不依赖于 EH 和信道状态的概率分布,因此为方便验证,单用户仿真参数设置见表 5.1。

表 5.1　单用户仿真参数设置

参数	数值	参数	数值	参数	数值
时隙间隔	1 s	噪声功率谱密度	10^{-18} W/Hz	发射机效率因子	1.2
带宽	1 MHz	电池漏电因子	10 mJ/时隙	最大功率 $P_{\max}$	2 W
平均路径损耗	-100 dB	EH 过程	泊松过程	数据达到过程	均匀分布
信道衰落	瑞利衰落	EH 平均速率	80 mJ/时隙	最大数据到达速率	8 Mbit/s

为更好地评估提出的算法,将 Lyapunov 优化推出的算法与两种贪婪算法相比。两种贪婪算法中的一种采用“立即获取”策略,即能量队列中的能量若不能满足发射机的需求,则控制器控制发射机立即从传统电网中获取不足部分的能量用于发送数据;另一种采用“最后期限获取”策略,是指发射机在某一个期限内只消耗存储在能量队列中捕获的能量,若捕获的能量在期限的最后时刻还不能满足发射机的需求,才从传统电网获取能量,这里期限取值为 25 个时隙。

图 5.2 所示为在一天的时间(3 600 个时隙)内,三种算法下发射机从传统电网消耗的能量累加和(从运行至当前时刻)。由图 5.2 可以看出,Lyapunov 优化算法在三种算法中性能最好,即发射机从传统电网消耗的能量最少,其原因是该方法在信道状态较好

时尽可能发送更多数据,这种算法下求的数据平均时延为 9.6 个时隙,此时参数 V 值取 $500, \delta = E\{a(t)\}$。若 $\delta = 0$,则发射机从传统电网消耗的能量会更小,但数据队列的等待时延将会增加。而采用"立即获取"策略的贪婪算法性能最差,从传统电网消耗的能量最多,但根据该贪婪算法的思想,数据队列几乎不存在等待时延。在这种参数设置下累计一天(3 600 个时隙),使用提出的算法可比"立即获取"算法节省约 971 J 的能量,比"最后期限获取"算法节省约 320 J 的能量。

图 5.3 所示为捕获的能量平均值相对较大、中等和较小三种情况下发射机在 3 600 个时隙(一天)末从传统电网消耗的总能量条形图。Lyapunov 优化算法相对于其他两种贪婪算法,在每种情况下均使发射机从传统电网消耗的能量最少。捕获的能量平均值越大,发射机从传统电网消耗的能量越少;捕获的能量平均值越小,发射机从传统电网消耗的能量越多。

为更好地观察提出的算法给数据队列带来的时延,在保持图 5.2 中参数不变的情况下,图 5.4 所示为不同算法下数据队列中 3 600 个时隙内到达的数据等待时延分布图。基于"立即消耗"策略的贪婪算法,数据几乎没有等待,但从图 5.2 中可以看出该贪婪算法性能最差,因此图 5.4 是 Lyapunov 优化算法和"最后期限消耗"策略的贪婪算法的比较。从图 5.4 中可以看出,使用 Lyapunov 优化算法数据平均等待 9 个时隙,而采用"最后期限消耗"策略的贪婪算法大部分数据等待 25 个时隙。因此,Lyapunov 优化算法无论在性能还是在数据等待时延上都有较大的优势。

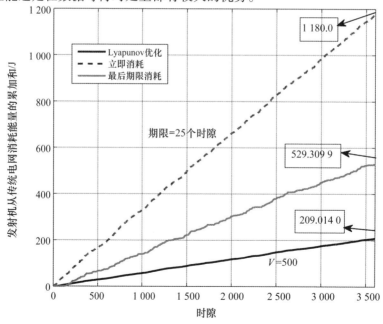

图 5.2 三种算法下发射机从传统电网累计消耗的能量累加和

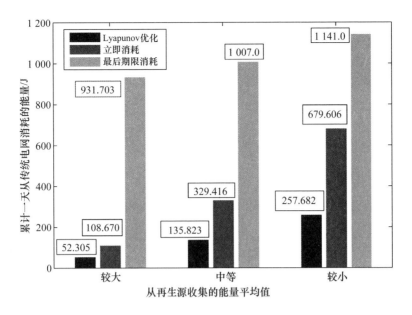

图5.3　三种情况下发射机累计一天从传统电网消耗的总能量条形图

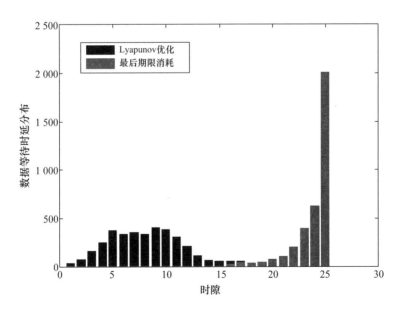

图5.4　两种算法下数据等待时延分布图

提出的算法中参数 V 的设置对问题目标函数值和数据队列的时延折中,为更清楚地了解参数 V 的取值对二者的影响,图5.5所示为参数 V 与算法性能和数据队列平均时延的关系。若理论分析一致,则平均时延随 V 值的增大而非线性增加,而算法性能即发射机从传统电网消耗的能量随之下降。但当 V 值增加到一定值时,二者随之变化不明显,即趋于饱和,这表明参数 V 取值足够大时,数列平均时延达到最大值 T_{opt},而算法性能趋于最优值 C_{opt}。

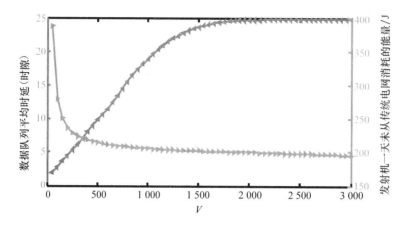

图 5.5 参数 V 与算法的性能和数据队列平均时延的关系图

5.2 混合供电多用户的动态功率分配及调度算法

混合供电单用户无线通信系统的自适应功率传输和能量管理优化不需要考虑多用户之间的传输调度问题。对于混合供电多用户无线通信系统,发射机的功率分配需先确定给哪个用户对应的数据队列分配功率,也就是多用户之间的传输调度问题。

5.2.1 建模和问题描述

将 5.1 节中单用户模型扩展至多个用户,混合供多用户下行无线通信模型如图 5.6 所示。

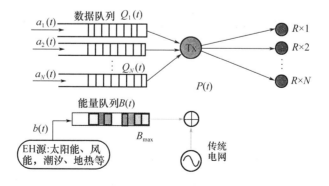

图 5.6 混合供多用户下行无线通信模型

该下行通信中有 N 个接收用户,接收用户与发射机之间的 N 条无线链路分别与接收用户一一对应。数据随机到达发射机,并根据接收用户进入相应的数据队列排队等待传输,该多用户无线下行链路中,发射机每个时隙内最多服务一个数据队列。假设 $t(t=0,1,2,\cdots)$ 时隙数据队列 n 的积压(即等待发送的数据量)记为 $Q_n(t)$,$n \in [1,2\cdots,N]$,t 时隙内(假设时隙间隔固定为 Δt)随机到达数据队列 n 的数据为 $a_n(t)$,离开数据队列 n 的数据速率(即服务速率)记为 $r_n(t)$,则下一时隙数据队列 n 的积压 $Q_n(t+1)$(队列更新公式)为

$$Q_n(t+1) = \max[Q_n(t) - r_n(t)\Delta t, 0] + a_n(t) \tag{5.30}$$

数据队列 n 的服务速率 $r_n(t)$ 即在链路 n 上的传输速率,其大小取决于当前时刻链路 n 的链路状况 $h_n(t)$(链路增益)及发射机分配给数据队列 n 的发射功率 $p_n(t)$,有

$$r_n(t) = \frac{1}{2}\log_2[1 + h_n(t) \cdot p_n(t)] \tag{5.31}$$

同样,假设链路状态 $h_n(t)$ 在每个时隙内保持不变,且有 $h_{min} \leq h_n(t) \leq h_{max}$($t=0,1,2,\cdots$),$h_{min}$、$h_{max}$ 为常数。由于无线链路状态时变,联合捕获的能量及待发送的数据均随机到达发射机,因此需要自适应调整发射机的发射功率,在保证每个数据队列稳定且数据等待不超过接收用户可容忍的时延条件下,使发射机从传统电网消耗的能量最小。

为实现该目标,发射机的功率分配需要进行二次决策。

(1)由于每个时隙内发射机最多服务一个数据队列,因此发射机需要根据每个数据队列的当前积压、链路状态及用户可忍受的时延判决该时隙服务哪个数据队列,即给哪个数据队列分配功率,也就是多用户之间的传输调度问题。

(2)在确定服务的数据队列后,发射机需要根据当前能量队列中的可用能量、数据队列积压、相应接收用户可容忍的时延及链路状态,决策分配多大的功率,才能既保证数据队列稳定和用户时延要求,又要使发射机从传统电网消耗的平均能量最小。

假设 t 时隙发射机功率分配矢量记为 $\boldsymbol{P}(t) = [p_1(t), p_2(t), \cdots, p_N(t)]$,$P(t) \in \Pi$,$\Pi$ 是功率分配矢量的集合,该集合中的任一功率矢量中最多有一个元素的值大于 0,且 $0 \leq p_n(t) \leq P_{max}$,$P_{max}$ 是发射机的最大发射功率。这样,发射机的二次决策就转换成对功率分配矢量的决策。实际上,发射机 t 时隙总的消耗功率为 $\rho \sum_{n=1}^{N} p_n(t)$,这里 $\rho \geq 1$ 为常数,表示发射机的效率。

假设 t 时隙到达能量队列的电量为 $b(t)$,能量队列 $B(t)$ 更新为

$$B(t+1) = \min\left(\max\left|B(t) - \rho\sum_{n=1}^{N}p_n(t)\Delta t - \varepsilon, 0\right| + b(t), B_{max}\right) \tag{5.32}$$

式中, ε 为能量缓存装置每时隙所漏的电量(常数); $B_{\max}$ 是能量队列的最大容量。

假设发射机传输之前各数据队列的初值 $Q_n(0) = 0, n \in \{1,2,\cdots,N\}$, 能量队列初值 $B(0) = 0$, EH 和数据在发射机工作过程中随机到达, 其目标是在 EH 和数据到达过程及信道衰落均为一般的随机过程的条件下(统计特性未知), 动态地调整发射机功率分配及多用户之间的传输调度, 在满足每个数据队列稳定且数据等待时延不超过各用户要求的条件下, 使发射机从传统电网消耗的平均能量最小。由于能量缓存装置容量有限, 并且漏电, 因此发射机优先使用捕获的能量, 当能量队列中的可用能量不足以综合各因素决策的功率消耗时, 发射机才消耗传统电网的能量。

5.2.2 问题规划

基于上述模型和目标, 在满足所有数据队列稳定的条件下, 发射机从传统电网消耗的平均能量最小化的优化问题可描述为

$$\min \lim_{t \to \infty} \frac{1}{t} \sum_{\tau=0}^{t-1} E\left\{ \max\left[\rho \sum_{n=1}^{N} p_n(\tau) \Delta t - B(\tau), 0 \right] \right\} \tag{5.33}$$

$$\text{s.t.} \quad \overline{Q_n(t)} < \infty, \quad \forall n \tag{5.34}$$

$$P(t) \in \Pi \tag{5.35}$$

$$r(t) = \frac{1}{2} \log_2 \left[1 + p_n(t) \cdot h_n(t) \right], \quad \forall n, t \tag{5.36}$$

目标函数即式(5.33)中, $\max\left[\rho \sum_{n=1}^{N} p_n(\tau) - B(\tau), 0 \right]$ 表示 τ 时刻发射机从传统电网消耗的能量, 式(5.35)是发射机功率分配约束, 式(5.36)是当前功率分配决策下的队列服务能力。

5.2.3 用户等待时延约束

为进一步保证式(5.33)~(5.36)所有数据队列中数据等待的最大时延不超过接收用户可容忍的范围, 与 5.1 节中的方法一样利用虚队列来解决这一问题。令 $Z(t) = [Z_1(t), Z_2(t), \cdots, Z_N(t)]$ 表示虚队列矢量, 对于所有的 $n, n \in \{1,2,\cdots N\}, Z_n(0) = 0$, 固定参数 $\delta_n > 0$, 虚队列根据以下公式更新, 即

$$Z_n(t+1) = \max\left[Z_n(t) + \delta_n \cdot 1_{\{Q_n(t) > 0\}} - r_n(t), 0 \right] \tag{5.37}$$

基于引理 5.1, 通过控制发射功率, 实队列 $Q_n(t)$ 和虚队列 $Z_n(t)$ 的上确界有限, 则可以保证发射机对数据队列 n 中所有数据的服务, 其最大时延不超过 $T_n^{\max}$ 个时隙, 有

$$T_n^{\max} = \frac{Q_n^{\max} + Z_n^{\max}}{Q_n} \tag{5.38}$$

调整参数 δ_n 改变数据队列 $Q_n(t)$ 的最大等待时延 $T_n^{\max}$,使其满足接收用户的时延要求。现在,式(5.33)~(5.36)中的式(5.34)则转变为所有实队列 $Q_n(t)$ 和虚队列 $Z_n(t)$ 稳定。

5.2.4　Lyapunov 优化与求解

为求解以上问题,利用 Lyapunov 优化方法在满足所有实队列和虚队列稳定的条件下,推导出一种动态功率分配和传输调度算法,使发射机从传统电网消耗的平均电量无限趋于最小,且能保证每个数据队列中数据的等待不超过各用户可容忍的时延。

首先定义 Lyapunov 函数。令 $\boldsymbol{\Theta}(t) \triangleq [Q_1(t),\cdots,Q_N(t),Z_1(t),\cdots,Z_N(t)]$,即实队列和虚队列的联合矢量。定义 Lyapunov 函数 $L[\boldsymbol{\Theta}(t)] \triangleq \dfrac{1}{2}\sum_{n=1}^{N}[Q_n(t)^2 + Z_n(t)^2]$ 作为同时衡量所有实队列和所有虚队列积压的标量。那么,一个时隙的 Lyapunov 漂移为

$$\Delta L[\boldsymbol{\Theta}(t)] \triangleq E\{L[\boldsymbol{\Theta}(t+1)] - L[\boldsymbol{\Theta}(t)] \mid \boldsymbol{\Theta}(t)\} \tag{5.39}$$

动态功率分配算法的设计则是根据每个队列 $Q_n(t)$ 和 $Z_n(t)$ 的当前积压和当前信道状态 $h_n(t)$,做出的功率分配决策使式(5.40)最小,即

$$\min \Delta L[\boldsymbol{\Theta}(t)] + VE\left\{\max\left[\rho \sum_{n=1}^{N} p_n(t)\Delta t - B(t), 0\right] \Big| \boldsymbol{\Theta}(t)\right\} \tag{5.40}$$

基于 5.1 节中的详细推导,式(5.40)满足

$$\Delta L[\boldsymbol{\Theta}(t)] + VE\left\{\max\left[\rho \sum_{n=1}^{N} p_n(t)\Delta t - B(t), 0\right] \Big| \boldsymbol{\Theta}(t)\right\}$$

$$\leqslant C_N + VE\left\{\max\left[\rho \sum_{n=1}^{N} p_n(t)\Delta t - B(t), 0\right] \Big| \boldsymbol{\Theta}(t)\right\} +$$

$$\sum_{n=1}^{N} Q_n(t)E\{a_n(t) - r_n(t)\Delta t \mid \boldsymbol{\Theta}(t)\} +$$

$$\sum_{n=1}^{N} Z_n(t)E\{\delta_n - r_n(t)\Delta t \mid \boldsymbol{\Theta}(t)\} \tag{5.41}$$

式中,C_N 为常数,具体表示为

$$C_N = \frac{N[(a_{\max})^2 + (r_{\max}\Delta t)^2]}{2} + \frac{\sum_{n=1}^{N} \max[\delta_n^2, (r_{\max}\Delta t)^2]}{2} \tag{5.42}$$

式中,$a_{\max}$ 和 $r_{\max}$ 分别为所有时隙中任一数据队列的最大数据到达和最大服务速率。

利用 Lyapunov 优化方法,将待求解的问题转化为最小化每个时隙的式(5.40)。由式(5,41)可知该表达式有界,从而等效于最小化每个时隙的不等式(5.41)右边的各项,即

$$\min V\Big(\rho \sum_{n=1}^{N} p_n(t)\Delta t - B(t),0\Big)^+ + \sum_{n=1}^{N} Q_n(t)(a_n(t) - r_n(t)\Delta t) +$$

$$\sum_{n=1}^{N} Z_n(t)(\delta_n - r_n(t)\Delta t) \qquad (5.43)$$

简化式(5.43),除去决策变量 $p_n(t)$ 的无关项,则原问题转化为

$$\min \rho V \sum_{n=1}^{N} p_n(t)\Delta t - \sum_{n=1}^{N} (Z_n(t) + Q_n(t)) r_n(t)\Delta t \qquad (5.44)$$

$$\text{s.t.}\ \ r_n(t) = \frac{1}{2}\log_2(1 + p_n(t) \cdot h_n(t)), \quad \forall n,t \qquad (5.45)$$

$$P(t) \in \Pi \qquad (5.46)$$

求解式(5.44)~(5.46),式(5.44)的最优解可通过分别求出决策变量 $P(t)$ 各元素的顶点获得。t 时隙为使式(5.44)最小,各用户的最佳分配功率记为 $p_n^*(t)$,有

$$p_n^*(t) = \arg\min_{p_n(t)}\Big\{\rho V p_n(t)\Delta t - \frac{\Delta t}{2}(Z_n(t) + Q_n(t))\log_2(1 + p_n(t)h_n(t))\Big\}, \quad \forall n$$

求解 $p_n^*(t)$,代入速率 – 功率函数即式(5.31)中,对决策变量 $p_n(t)$ 求偏导,求得

$$p_n^*(t) = \frac{Q_n(t) + Z_n(t)}{2\ln 2 \cdot \rho V} - \frac{1}{h_n(t)}, \quad \forall n \qquad (5.47)$$

由式(5.47)可知,各用户的最佳分配功率 $p_n^*(t)$ 与当前队列积压 $Q_n(t)$、$Z_n(t)$ 和信道状态 $h_n(t)$ 有关。

5.2.5 实时功率分配和调度算法

1. 用户间传输调度决策

由于每一时隙最多服务一个数据队列,因此用户间传输调度决策为将式(5.47)代入优化目标式(5.44)中,使其顶点最小的 $p_n^*(t)(n \in 1,2,\cdots,N)$ 对应的数据队列 n 作为该时隙被服务的队列。

2. 功率分配决策

当前时隙发射机给被服务的队列 n 分配功率,功率大小为 $p_n^*(t)$(由式(5.47)求得),但由于发射机功率分配受限于峰值功率的约束($0 \leqslant p_n(t) \leqslant P_{\max}$),因此当前时隙发射机给被服务的队列分配的实际功率为 $\min[P_{\max},\max(p_n^*(t),0)]$。由于功率分配集合 Π 中的每个功率分配矢量 $P(t) = [p_1(t),p_2(t),\cdots,p_N(t)]$ 中最多只有一个元素大于 0,因此除被服务的队列外,其余队列分配的功率均置为 0。

3. 供电源调度

如果 t 时隙 $\rho \sum_{n=1}^{N} p_n(t) \leqslant B(t)$ 成立,则该时隙发射机不需要从传统电网中获取额外

能量;否则,从传统电网获取的额外能量为 $\rho \sum\limits_{n=1}^{N} p_n(t) - B(t)$。

分别根据式(5.30)、式(5.32)和式(5.37)更新数据队列、能量队列和虚队列,基于下一时刻的队列积压和信道状况,用以上决策方法进行下一时刻的传输调度和功率分配。

5.2.6　算法性能分析

定理 5.2　假设数据到达矢量 $\boldsymbol{a}(t) = [a_1(t), a_2(t), \cdots, a_N(t)] \in \Lambda(t = 1, 2, \cdots, \Lambda)$ 落在问题的可行域。如果固定参数 $\delta_n, 0 \leqslant \delta_n \leqslant a_{\max}, n \in \{1, 2, \cdots, N\}$,且 $V > 0$,则提出的算法性能如下。

(1)在所有的时隙中,所有队列 $Q_n(t)$ 和 $Z_n(t)$ 的上确界分别为

$$Q_n^{\max} = 2\ln 2 \cdot \rho V \Big(\frac{1}{h_{\min}} + P_{\max}\Big) + a_{\max} \tag{5.48}$$

$$Z_n^{\max} = 2\ln 2 \cdot \rho V \Big(\frac{1}{h_{\min}} + P_{\max}\Big) + \delta_n \tag{5.49}$$

(2)数据队列 n 中数据等待服务的最大时延 $T_n^{\max}$ 为

$$T_n^{\max} = \frac{4\ln 2 \cdot V\rho \Big(\frac{1}{h_{\min}} + P_{\max}\Big) + a_{\max} + \delta_n}{\delta_n} \tag{5.50}$$

(3)若给定 δ_n,且 $\delta_n \leqslant E\{a_n(t)\}$,则基于本书提出的算法,发射机额外从传统电网消耗能量,其期望的平均值与最优值 C_{opt} 的差值不超过 C_N/V,即

$$\lim_{t \to \infty} \frac{1}{t} \sum_{\tau=0}^{t-1} E \Big\{ \max \Big[\rho \sum_{n=1}^{N} p_n(\tau) \Delta t - B(\tau), 0 \Big] \Big\} \leqslant C_{\mathrm{opt}} + \frac{C_N}{V} \tag{5.51}$$

式中,C_N 为常数,在式(5.42)中已给出。证明可参考作者已发表的文献[20]。

提出的算法中,V 是调节参数,平衡性能和时延,分析可知队列的积压与 V 成线性增长,而目标函数则随着 V 的增大而更接近最优值。通过调节参数 V 可迫使目标函数值任意接近最优值,但是数据队列的积压可能会比较大,因此应选择合适 V 值。为减小最大等待时延的上限 $T_n^{\max}$,δ_n 的值应尽可能大,但要满足 $\delta_n \leqslant E\{a_n(t)\}$。如果 $E\{a_n(t)\}$ 给出,则可使 $\delta_n = E\{a_n(t)\}$。

与 5.1 节对单用户功率分配和调度算法的分析相同,提出的多用户间传输调度和功率分配算法复杂度与用户的个数 N 成线性关系,复杂度低,不需要知道这些随机过程的统计分布知识,易于实现。

5.2.7　仿真结果

为评估本节提出的算法的有效性,假设发射机有三个用户(接收机),每个信道的带

宽为 $W = 1$ MHz，假设信道均为瑞利衰落信道。三个用户由于位置不同，因此有不同的路径损耗，方差为 6 dB，时隙间隔为 1 s，噪声为高斯白噪声，每个信道的噪声功率谱密度相同，均为 10^{-18} W/Hz。

发射机配备的能量捕获器同时从多个可再生能源捕获能量，联合捕获的能量以泊松过程到达能量队列。EH 过程和信道状态的假设仅是为了仿真展示，前面各节的分析不依赖这种分布，算法本身不需要知道这些随机过程的统计分布。

三个虚队列中的惩罚因子 $\delta_n (n = 1, 2, 3)$ 分别取 $\delta_1 = \frac{3}{4} E\{a_1\}$，$\delta_2 = \frac{4}{5} E\{a_2\}$，$\delta_3 = \frac{3}{4} E\{a_3\}$。多用户仿真参数设置见表 5.2。

表 5.2 多用户仿真参数设置

参数	数值	参数	数值	参数	数值
时隙间隔	1 s	噪声功率谱密度	10^{-18} W/Hz	发射机效率因子	1.2
时隙个数	6 000	电池漏电因子 ε	0.2 J/时隙	最大功率 P_{max}	4 W
用户数	3	能量捕获过程	泊松过程	数据达到过程	均匀分布
信道带宽	1 MHz	EH 平均速率	2.533 J/时隙	a_{max}	4.7 Mbit/s
信道 1 路径损耗	−100 dB	信道 2 路径损耗	−110 dB	信道 3 路径损耗	−90 dB

为评估基于 Lyapunov 优化提出的动态功率分配和调度算法，将该算法与 5.1 节中描述的两种贪婪算法进行对比。

使用三种不同的功率分配和调度算法，6 000 个时隙内累计从传统电网获取的电量如图 5.7 所示。可见，提出的算法（Lyapunov 优化算法）获得性能最好，发射机从传统电网获取的电量最少。同时，图 5.7 中设置了能量捕获的三种情况，能量捕获的平均值为 $b_{ave2} > b_{ave3} > b_{ave1}$，前 2 000 个时隙捕获能量平均值 $b_{ave1} = 1.953\,0$ J/时隙，中间 2 000 个时隙平均值 $b_{ave2} = 3.140\,0$ J/时隙，最后 2 000 个时隙平均值 $b_{ave3} = 2.440\,0$ J/时隙，权重因子 $V = 30$。当平均能量捕获相对大时，由图 5.7 可知提出的算法在中间 2 000 个时隙不需要从传统电网额外获取能量，就能够使每个数据队列稳定，而另外两个算法则不断地从传统电网获取额外能量。

图 5.7 的对比反映了三种策略下从传统电网获取能量的情况，但不能看出每个数据队列的等待时延。为更好地评估提出的算法在时延方面的性能，在与图 5.7 的参数设置完全相同的情况下，图 5.8 所示为三数据队列的到达数据等待分布，基于 Lyapunov

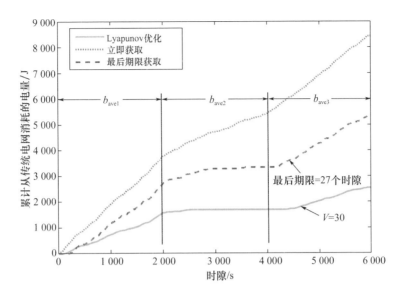

图 5.7　三种算法下从传统电网获取能量的对比

优化提出的算法比"最后期限获取"策略下等待的时延小。该设置下,基于式(5.50)计算出每个数据队列的最差情况下的时延 $T_n^{\max}$,并根据仿真计算出三个数据队列的实际平均时延 T_n^{actu},基于"最后期限获取"算法求得三队列的平均时延 T_n^{dead},见表 5.3。

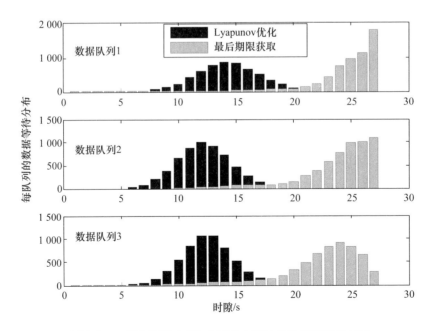

图 5.8　三数据队列 6 000 个时隙内到达的数据等待分布图

表 5.3 三数据队列的时延

参数	数据队列 1	数据队列 2	数据队列 3
T_n^{max}	17.794 8	14.638 2	21.100 3
T_n^{actu}	14.296 0	12.188 0	12.535 7
T_n^{dead}	24.381 3	23.464 0	22.224 7

参数 V 是平衡参数,调节发射机从传统电网获取的额外电量和数据队列的等待时延,以上仿真中 $V=30$。为更好地观察 V 对本书提出的算法的性能和时延的影响,给出不同 V 值下的额外电量消耗 – 数据平均时延图,如图 5.9 所示。与理论分析所得结果一致,数据的平均时延随 V 值增大而增大,发射机从传统电网获取的额外电量随 V 值增大而下降,但当 V 值达到某个较大的值时,二者的变化较小,即达到饱和。也就是说,此时该算法中 V 对二者几乎没有影响。

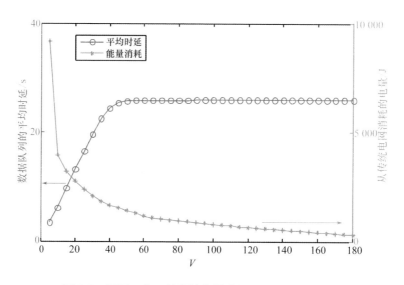

图 5.9 不同 V 值下的额外能量消耗 – 数据平均时延图

5.3 本章小结

本章研究具有混合供电源(EH 源和传统电网)的单用户和多用户无线通信系统的功率分配和调度问题。在发射机不知道数据到达过程、能量捕获过程及信道状态概率分布的情况下和电池容量受限且电池漏电的条件下,基于 Lyapunov 优化给出了一种实时传输调度、能量调度和自适应功率分配算法,通过调节参数,发射机从传统电网消耗的平均能量趋于最小,系统有效利用收集的清洁能量,同时保证每个数据队列的时延不超过用户的最大容忍时隙。该算法复杂度低,易于实现。为评估提出的算法,仿真从不同方面与两种贪婪算法相比,仿真结果表明提出算法无论在性能还是数据队列时延方面都优于贪婪算法。本书提出的算法具有普适性,不需要知道各随机过程的先验统计知识,为 EH 随机过程概率分布难以统计的混合供电无线通信提供了一种有效的功率分配和传输调度算法。

第6章　蜂窝网络中 EH 基站动态能量管理的算法

本章研究了具有能量收集功能的基站在智能电网时变电价下的基站模型和动态能量管理方案,综合考虑了能量收集、能量需求、时变电价均为一般随机过程(概率分布未知)及电池容量有限等情况。首先构建了智能电网作为能源补充的 EH 基站模型,根据此模型,利用 Lyapunov 优化提出了基站非弹性能量需求和弹性能量需求两种情况下能耗成本最小的动态能量管理算法及求解储能电池最佳容量的选取方案,包括从不同能量源获取能量的调度问题,以及根据电价和当前状态,实时决策从智能电网购买多少能量存储在充电电池中以备电价高且收集的能量不能满足需求时使用,分析了电池容量大小的影响。理论分析表明,提出的算法可使基站的能耗成本无限接近最优值,且保证在弹性能量需求情况下的时延不超过要求的期限,并通过仿真验证了算法的有效性,分析了电池容量大小对算法性能的影响。

6.1　建模和问题描述

蜂窝网络中具有 EH 功能,智能电网作为补充能源的 EH 基站模型如图 6.1 所示。EH 装置能根据所处的环境采用合适的能量收集方式(收集太阳能、风能、热能等,甚至能从电磁波中捕获能量)收集能量,并将收集的能量存储在充电电池中供基站使用。基站和充电电池同时与智能电网相连,基站可直接从智能电网中获取电量。此外,基站基于智能电网的时变电价,控制充电电池在电价低时从智能电网中充电,以备电价高且能量收集不足时供基站使用。

假设 t 时隙收集的能量记为 $S(t)$,由于充电电池存储效率的不完美特性,因此能量存储过程中会损失一部分能量。简化起见,$S(t)$ 为 t 时隙末实际存入电池中的能量,则有 $0 \leqslant S(t) \leqslant S^{\max}$,$S^{\max}$ 为一个时隙内收集能量的最大值。本书的建模由于收集的能量是免费的,因此只要电池容量允许,尽可能将收集的能量全部存入电池,即存入的 EH 能量由电池的容量控制,而不再通过专门的控制器进行 EH 能量存入控制。

电池中 t 时隙的能量记为 $B(t)$,本书中时隙间隔较小(为 1 min),忽略充电电池的不理想特性(漏电等),电池能量 $B(t)$ 可根据以下公式更新,即

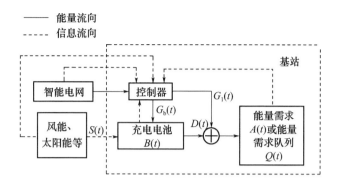

图 6.1　智能电网作为补充能源的 EH 基站模型

$$B(t + 1) = B(t) - D(t) + S(t) + G_b(t) \qquad (6.1)$$

式中，$D(t)$ 是 t 时隙电池的放电量，即 t 时隙基站从电池获取的电量，对于 $\forall t, 0 \leqslant D(t) \leqslant D^{max}$，$D^{max}$ 为电池一个时隙的最大放电量；$G_b(t)$ 为 t 时隙从智能电网存入电池的能量，$0 \leqslant G_b(t) \leqslant G_b^{max}$，$G_b^{max}$ 为电池一个时隙从智能电网的最大充电量。电池容量的最大值为 B^{max}，在每个时隙显然有

$$D(t) \leqslant B(t) \leqslant B^{max} \qquad (6.2)$$

智能电网的电价是时变的，记为 $C(t)$。基于电网的时变电价，基站控制器根据当前的能量需求、能量收集、电池容量及电池中可用的能量等因素动态地决策该时隙是否从智能电网购电，以及购买多少能量 $G_b(t)$ 给充电电池充电，以备将来电价高且收集的能量不能满足基站的能量需求时使用，其目的是在满足基站能量需求的条件下最小化基站的能耗成本。

本书将基站的能量需求分为非弹性能量需求和弹性能量需求分别进行研究。基站的非弹性能量需求是指能量需求要求立即满足，不允许有时延；而弹性能量需求是指基站允许需求的能量有一定的时延，如基站消耗能量用于传输文件数据，只要在规定时间内满足用户要求即可。

假设 t 时隙基站的能量需求为 $A(t)$，基站从充电电池中获取的能量为 $D(t)$，从智能电网购买 $G_b(t)$ 存入电池中。此外，基站直接从智能电网中获取的能量记为 $G_1(t)$，G_1^{max} 为基站一个时隙从智能电网中获取的最大能量，$0 \leqslant G_1(t) \leqslant G_1^{max}$。则 t 时隙基站从智能电网中购买的总能量为 $G_b(t) + G_1(t)$，每个时隙基站从电网能耗的成本为 $C(t)\left[G_b(t) + G_1(t)\right]$，优化的目标函数为

$$\min \lim_{T \to \infty} \frac{1}{T} \sum_{t=1}^{T} E\left\{C(t)\left(G_b(t) + G_1(t)\right)\right\} \qquad (6.3)$$

该系统中，充电电池中可用的能量、基站能量需求、能量收集的实时信息由基站直

接监测。智能电网的时变电价通过无线信号传递给基站,由于智能电网中部署的信息和通信的基础设施,因此上述组件之间能够进行信息收集和传递。

6.2 问题规划和求解

基于上述模型,在基站能量需求、能量收集及电价均为一般随机过程(未知概率分布)的情况下,通过动态地控制每个时隙的决策变量序列,基站在满足能量需求的前提下从智能电网中消耗的能量成本最小。

6.2.1 非弹性能量需求及其求解

基站 t 时隙的能量需求为 $A(t)$,若该需求为非弹性能量需求,则应立即得到响应。因此,基站从充电电池和智能电网获取的能量应满足

$$A(t) = D(t) + G_1(t) \tag{6.4}$$

基站在非弹性能量需求情况下问题规划为

$$P_1 = \min_{D(t),G_1(t),G_b(t)} \lim_{T \to \infty} \frac{1}{T} \sum_{t=1}^{T} E\{C(t)(G_b(t) + G_1(t))\} \tag{6.5}$$

$$\text{s.t.} A(t) = D(t) + G_1(t) \tag{6.6}$$

$$B(t+1) = B(t) - D(t) + S(t) + G_b(t) \tag{6.7}$$

$$D(t) \leqslant B(t) \leqslant B^{\max} \tag{6.8}$$

$$0 \leqslant D(t) \leqslant D^{\max} \tag{6.9}$$

$$0 \leqslant G_b(t) \leqslant G_b^{\max} \tag{6.10}$$

$$0 \leqslant G_1(t) \leqslant G_1^{\max} \tag{6.11}$$

式(6.5)为优化目标,其中 $E\{C(t)(G_b(t) + G_1(t))\}$ 表示基站能耗成本的期望,其物理含义为:通过控制每个时隙的决策变量 $D(t)$、$G_1(t)$、$G_b(t)$,最小化基站长期运行($T \to \infty$)能耗成本期望的时间平均值。采用 Lyapunov 优化算法不需要任何系统状态的先验知识,就可以得到上述目标函数的最优解。

首先构造一个变量 $X(t)$,有

$$X(t) \triangleq B(t) - V_1 C^{\max} - D^{\max} \tag{6.12}$$

式中,V_1 是控制参数;$X(t)$ 用来确保提出的算法满足电池电量约束条件即式(6.8)。收集的能量尽可能全部存入电池,由于电池的容量有限,因此有可能造成收集的能量浪费的现象。为确保上述问题可行,假设 $E\{S(t)\} < E\{A(t)\}$,这样在提出的算法中,通过合理调节参数 V_1,电池电量保持在合理范围,即

$$- V_1 C^{\max} - D^{\max} \leqslant X(t) \leqslant B^{\max} - V_1 C^{\max} - D^{\max} \tag{6.13}$$

基于电池能量更新式(6.7),$X(t)$根据下式更新,即

$$X(t+1) = X(t) - D(t) + S(t) + G_b(t) \tag{6.14}$$

定义 Lyapunov 函数 $L(X(t)) \triangleq \frac{1}{2}X^2(t)$,一个时隙的 Lyapunov 漂移为

$$\Delta L(X(t)) \triangleq E\{L(X(t+1) - L(X(t)) \mid X(t)\} \tag{6.15}$$

对式(6.14)两边平方,有

$$\frac{X^2(t+1) - X^2(t)}{2} = \frac{(D(t) - S(t) - G_b(t))^2}{2} - X(t)(D(t) - S(t) - G_b(t)) \tag{6.16}$$

因为 $0 \leqslant S(t) + G_b(t) \leqslant S^{\max} + G_b^{\max}, 0 \leqslant D(t) \leqslant D^{\max}$,所以有

$$\frac{[D(t) - (S(t) + G_b(t))]^2}{2} \leqslant \frac{1}{2}\max[(G_b^{\max} + S^{\max})^2, (D^{\max})^2] \tag{6.17}$$

根据以上得到 Lyapunov 漂移的上界,即

$$\Delta L[X(t)] \leqslant \frac{1}{2}\max\{(G_b^{\max} + S^{\max})^2, (D^{\max})^2\} - X(t)E\{D(t) - S(t) - G_b(t)\} \tag{6.18}$$

根据 Lyapunov 漂移函数的性质,最小化式(6.18)则能满足式(6.8),对式(6.18)两边取期望并添加惩罚 $V_1 E\{C(t)[G_1(t) + G_b(t)] \mid X(t)\}$,因此规划问题式(6.5) ~ (6.11)转化为

$$\min \Delta L(X(t)) + V_1 E\{C(t)(G_1(t) + G_b(t)) \mid X(t)\} \tag{6.19}$$
$$\text{s. t. 式(6.6)、式(6.9) ~ (6.11)}$$

根据当前的系统状态 $X(t)$、$C(t)$、$A(t)$,做出使式(6.19)最小的决策,式(6.19)包括两项:前一项是根据 Little 公式得到的,反映了电池中的能量水平;后一项是基站从智能电网能耗的平均成本,也就是优化目标函数,表示性能。式(6.19)称为"漂移加惩罚"的表达式,其中 V_1 是一个正常数,用来调节式(6.19)中两项在整个优化中所占的比例。如果只最小化前一项 $\Delta L[X(t)]$,则可让每时隙电池中的电量保持在一定范围,但基站从智能电网能耗的平均成本可能会很高,即性能可能会很差。若只最小化后一项,则电池中实时能量的范围得不到保证。因此,本书的目标为最小化"漂移加惩罚"的加权和,该表达式经证明有界。

求解式(6.19),即

$$\Delta L(X(t)) + V_1 E\{C(t)(G_1(t) + G_b(t)) \mid X(t)\}$$
$$\leqslant F_1 - X(t)E\{(D(t) - S(t) - G_b(t)) \mid X(t)\} +$$

$$V_1 E \{ C(t)(G_1(t) + G_b(t)) \mid X(t) \} \tag{6.20}$$

式中,F_1 为常数,有

$$F_1 = \frac{1}{2} \max \left[(G_b^{max} + S^{max})^2, (D^{max})^2 \right]$$

最小化式(6.19),即最小化每个时隙不等式(6.20)的右边,原问题可转化为

$$P_2 = \min \sum_{t=1}^{T} \{ (V_1 C(t) + X(t)) G_b(t) + X(t) S(t) + (V_1 C(t)) G_1(t) - X(t) D(t) \}$$

$$\tag{6.21}$$

$$\text{s. t. } 式(6.6)、式(6.9) \sim (6.11)$$

求解问题 P_2,得到非弹性能量需求情况下动态能量管理算法,如算法 6.1 所示。

算法 6.1:非弹性能量需求情况下动态能量管理算法

---

1. 初始化 V_1、T、$B(1)$、$X(1)$、B_{max}

2. 循环执行:

for $t = 1 : 1 : T$

检测系统状态 $X(t)$、$C(t)$、$A(t)$

根据式(6.21)选择求解的控制决策,即

$D(t)$、$G_1(t)$、$G_b(t)$

if $X(t) > -V_1 C(t)$

$G_b(t) = 0; D(t) = \min(B(t), A(t)); G_1(t) = A(t) - D(t);$

else $G_b(t) = G_b^{max}; G_1(t) = (A(t), G_1^{max}); D(t) = A(t) - G_1(t);$

end

分别更新 $B(t)$、$X(t)$

$B(t+1) = \min(B(t) - D(t) + S(t) + G_b(t), B_{max})$

$\quad X(t+1) = X(t) - D(t) + S(t) + G_b(t)$

end

6.2.2 非弹性能量需求动态算法性能分析

复杂度分析:由式(6.21)可以看出,基于 Lyapunov 优化提出的非弹性能量需求动态能量管理算法仅与系统当前的状态($X(t)$、$C(t)$、$A(t)$ 等)有关,由算法 6.1 可以看出,算法复杂度与时隙 T 成线性关系,复杂度为 $O(n)$,算法复杂度低,容易实现。

定理 6.1 假设 $G_1^{max} + G_b^{max} \geqslant A^{max}$,在时隙 $t \in \{1,2,3,\cdots,T\}$ 上任意常数 V_1 满足 $0 \leqslant V_1 \leqslant V_1^{max}$,其中

$$V_1^{\max} = \frac{B^{\max} - D^{\max} - G_{\rm b}^{\max} - S^{\max}}{C^{\max} - C^{\min}} \tag{6.22}$$

则上述算法有以下性质。

（1）队列 $X(t)$ 在所有时隙都有界，即

$$-V_1 C^{\max} - D^{\max} \leqslant X(t) \leqslant B^{\max} - V_1 C^{\max} - D^{\max} \tag{6.23}$$

（2）如果 $S(t)$、$A(t)$、$C(t)$ 在时隙上独立同分布，则在上述算法下的平均成本的期望与最优解的差不超过 F_1 / V_1，即

$$\lim_{T \to \infty} \frac{1}{T} \sum_{t=1}^{T} E\{C(t)(G_1(t) + G_{\rm b}(t))\} \leqslant P_1^* + \frac{F_1}{V_1} \tag{6.24}$$

由定理 6.1 可得，队列 $X(t)$ 随参数 V_1 的增大而减小，基站的能耗成本（目标函数）随参数 V_1 的增大而更接近最优值 P_1^*。通过调节参数 V_1，目标函数值接近最优值，同时要考虑将充电电池中的实时电量控制在合理的范围，所以要合理调节 V_1 的值。定理 6.1 的证明如下。

证明 由式（6.21）可以看出问题（2）的最佳解决方案具有以下性质。

若 $X(t) > -V_1 C^{\min}$，则 $G_{\rm b}(t) = 0$，$D(t) = \min\{A(t), D^{\max}\}$；若 $X(t) < -V_1 C^{\max}$，则 $G_{\rm b}(t) = G_{\rm b}^{\max}$，$D(t) = \min\{A(t), B(t)\}$。

（1）下面用归纳法证明。当 $t = 1$ 时，$X(1) = B(1) - V_1 C^{\max} - D^{\max}$，$0 \leqslant B(1) \leqslant B^{\max}$，有 $-V_1 C^{\max} - D^{\max} \leqslant X(1) \leqslant B^{\max} - V_1 C^{\max} - D^{\max}$，定理 6.1 中的性质（1）成立。

假设在时隙 t，$-V_1 C^{\max} - D^{\max} \leqslant X(t) \leqslant B^{\max} - V_1 C^{\max} - D^{\max}$ 成立，证其在时隙 $t+1$ 成立。

① 当 $-V_1 C^{\max} - D^{\max} \leqslant X(t) < -V_1 C^{\max}$ 时，有 $X(t+1) = X(t) + G_{\rm b}(t) + S(t) - D(t) \geqslant -V_1 C^{\max} - D^{\max} + G_{\rm b}(t) - \max\{0, A(t) - G_1^{\max}\}$。在定理 6.1 中，$G_{\rm b}^{\max} + G_1^{\max} \geqslant A^{\max}$，所以 $X(t+1) \geqslant X(t) \geqslant -V_1 C^{\max} - D^{\max}$。另外，有

$$X(t+1) \leqslant X(t) + G_{\rm b}^{\max} + S^{\max} \leqslant -V_1 C^{\max} + G_{\rm b}^{\max} + S^{\max}$$
$$\leqslant -V_1 C^{\min} + G_{\rm b}^{\max} + S^{\max} \leqslant B^{\max} - V_1 C^{\max} - D^{\max}$$

其中

$$V_1 \leqslant \frac{B^{\max} - D^{\max} - G_{\rm b}^{\max} - S^{\max}}{C^{\max} - C^{\min}}$$

② 当 $-V_1 C^{\max} \leqslant X(t) \leqslant -V_1 C^{\min}$ 时，有

$$-V_1 C^{\max} - D^{\max} \leqslant X(t) - D^{\max} \leqslant X(t+1) \leqslant X(t) + G_{\rm b}^{\max} + S^{\max}$$
$$\leqslant -V_1 C^{\min} + G_{\rm b}^{\max} + S^{\max} \leqslant B^{\max} - V_1 C^{\max} - D^{\max}$$

③ 当 $-V_1 C^{\min} \leqslant X(t) \leqslant 0$ 时，$G_{\rm b}(t) = 0$，则有

$$X(t+1) \geq X(t) - D^{\max} > -V_1 C^{\min} - D^{\max} > -V_1 C^{\max} - D^{\max}$$

另外,有

$$X(t+1) \leq X(t) + S^{\max} \leq S^{\max} \leq B^{\max} - V_1 C^{\max} - D^{\max}$$

其中,$G_b^{\max} \geq -V_1^{\max} C^{\min}$。

④当 $0 \leq X(t) \leq B^{\max} - V_1 C^{\max} - D^{\max}$ 时,$G_b(t) = 0$,则有

$$-V_1 C^{\max} - D^{\max} \leq X(t+1) \leq X(t) \leq B^{\max} - V_1 C^{\max} - D^{\max}$$

由以上证明可知定理 6.1 中的性质(1)得证。

(2)基站从智能电网获取能量的最小成本用 P_1^* 表示,有

$$\Delta L(X(t)) + V_1 E\{C(t)(G_1(t) + G_b(t)) \mid X(t)\}$$

$$\leq F_1 - X(t) E\{(D(t) - S(t) - G_b(t)) \mid X(t)\} + V_1 E\{C(t)(G_1(t) + G_b(t)) \mid X(t)\}$$

$$\leq F_1 + V_1 P_1^* \tag{6.25}$$

式(6.25)成立基于以下事实(以上问题可行的必要条件),即

$$\lim_{T \to \infty} \frac{1}{T} \sum_{t=1}^{T} E\{(D(t) - S(t) - G_b(t)) \mid X(t)\} = 0 \tag{6.26}$$

在 $t \in \{1,2,3,\cdots,T\}$ 的情况下对不等式(6.25)求和,有

$$\{L(X(T)) - L(X(1)) + V_1 E\{C(t)(G_1(t) + G_b(t))\}\}$$

$$\leq TV_1 P_1^* + TF_1 \tag{6.27}$$

由于 $L(X(T)) \geq 0$,$L(X(1)) \geq 0$,因此式(6.27)两边同时除以 $V_1 T$,再取极限 $T \to \infty$,得

$$\lim_{T \to \infty} \frac{1}{T} \sum_{t=1}^{T} E\{C(t)(G_1(t) + G_b(t))\} \leq P_1^* + \frac{F_1}{V_1}$$

定理 6.1 证毕。

综上所述,基于 Lyapunov 优化提出的非弹性能量需求动态能量管理算法,通过调整参数可使基站能耗成本接近最优值,而且复杂度低,容易实现,不需要能量收集、基站能量需求及时变电价的统计分布知识,具有一般性和普适性。

6.2.3 弹性能量需求及其求解

基站 t 时隙的能量需求为 $A(t)$,若为弹性能量需求,则允许有一定时延,这些能量需求存储在队列 $Q(t)$,以先进先出的方式被服务,只要该能量需求队列 $Q(t)$ 中的任何能量需求的等待时间不超过最大时延要求 $T^{\max}$ 即可。能量需求队列 $Q(t)$ 根据以下公式更新,即

$$Q(t+1) = \max\{Q(t) - D(t) - G_1(t), 0\} + A(t) \tag{6.28}$$

为保证 $Q(t)$ 中所有能量需求的等待时间不超过最大时延 T^{max}，构造虚队列 $Z(t)$，即

$$Z(t+1) \triangleq \max\{Z(t) - D(t) - G_1(t) + \varepsilon \cdot 1_{\{Q(t)>0\}}, 0\} \tag{6.29}$$

式中，$1_{\{Q(t)>0\}}$ 是一个指示函数，即当 $Q(t)>0$ 时，其取值为 1，否则为 0；ε 是一个固定的正常数，是对虚队列积压的惩罚，相当于虚队列的到达过程，用于控制虚队列 $Z(t)$ 的增长速度，在 $Q(t)>0$ 的情况下，每个时隙到达 ε，虚队列和实队列的服务速率相同，这就可以保证如果队列 $Q(t)$ 中有长期未被服务的能量需求，$Z(t)$ 就会增长。以下引理表明，如果可以控制参数以确保队列 $Q(t)$ 和 $Z(t)$ 具有有限的上界，那么就可保证 $Q(t)$ 中所有能量需求都不超过最大时延。

引理 6.1　假设可以通过控制参数以确保在所有时隙 t 上有 $Q(t) \leqslant Q^{max}$ 和 $Z(t) \leqslant Z^{max}$，其中 Q^{max} 和 Z^{max} 是正常数，那么基站能量需求队列的最大时延为

$$T^{max} = \frac{(Q^{max} + Z^{max})}{\varepsilon} \tag{6.30}$$

根据引理 6.1 调整参数 ε 可改变基站能量需求队列的最大等待时延，使能量需求的等待时间不超过最大时延要求。引理 6.1 是根据 Lyapunov 优化理论方法推导而得的，证明如下。

用反证法证明。

假设 $A(t)$ 在时刻 $t + T^{max}$ 或该时刻之前不能被服务，则在时隙 $\tau \in \{t+1, \cdots, t+T^{max}\}$ 有 $Q(\tau)>0$（否则 $A(t)$ 将在时隙 τ 之前被服务）。因此，$1_{\{Q(\tau)>0\}} = 1$，由式 (6.29) 得出当 $\tau \in \{t+1, \cdots, t+T^{max}\}$ 时，有

$$Z(\tau+1) \geqslant Z(\tau) - D(\tau) - G_1(\tau) + \varepsilon \tag{6.31}$$

如果在 $Q(t)$ 队列中存在长时间未被服务的数据，则可以保证 $Z(t)$ 是增长的。在 $\tau \in \{t+1, \cdots, t+T^{max}\}$ 的情况下对式 (6.31) 求和得

$$Z(t+T^{max}+1) - Z(t+1) \geqslant -\sum_{\tau=t+1}^{t+T^{max}} D(t) + T^{max}\varepsilon \tag{6.32}$$

因为 $Z(t+1) \geqslant 0$，$Z(t+T^{max}+1) \leqslant Z^{max}$，则 $Z^{max} \geqslant -\sum_{\tau=t+1}^{t+T^{max}} D(t) + T^{max}\varepsilon$，所以 $\sum_{\tau=t+1}^{t+T^{max}} D(t) \geqslant T^{max}\varepsilon - Z^{max}$。假设 $A(t)$ 在时刻 $t + T^{max}$ 或该时刻之前不能被服务，所以 $\sum_{\tau=t+1}^{t+T^{max}} D(t) < Q^{max}$，根据 $\sum_{\tau=t+1}^{t+T^{max}} D(t) \geqslant T^{max}\varepsilon - Z^{max}$，有 $Q^{max} > T^{max}\varepsilon - Z^{max}$，即 $T^{max} < \frac{Q^{max} + Z^{max}}{\varepsilon}$，与 $T^{max} = \frac{Q^{max} + Z^{max}}{\varepsilon}$ 矛盾，所以假设不成立，即 $A(t)$ 在时刻 $t + T^{max}$ 或该时刻之前已经被服务。引理 6.1 证毕。

基站在弹性能量需求情况下问题规划为

$$P_3 = \min \lim_{T \to \infty} \frac{1}{T} \sum_{t=1}^{T} E\{C(t)(G_b(t) + G_1(t))\} \qquad (6.33)$$

$$\text{s. t.} \overline{Q(t)} < \infty, \quad \overline{Z(t)} < \infty \qquad (6.34)$$

$$\text{式}(6.7) \sim (6.11)$$

式中,$\overline{Q(t)} < \infty$ 和 $\overline{Z(t)} < \infty$ 表示实队列和虚队列积压有限,即令实队列和虚队列保持稳定,以保证基站能量需求队列中任何能量需求的等待时间不超过最大时延 $T^{\max}$。同非弹性能量需求的求解,首先为保证提出的算法满足电池电量约束即式(6.8),定义一个变量 $X_{ela}(t)$,即

$$X_{ela}(t) \triangleq B(t) - \odot^{\max} - D^{\max} \qquad (6.35)$$

式中,$\odot^{\max}$ 是控制参数。$X_{ela}(t)$ 根据以下式子更新,即

$$X_{ela}(t+1) = X_{ela}(t) - D(t) + S(t) + G_b(t) \qquad (6.36)$$

队列的状态为记为 $\Phi(t)$,$\Phi(t) = (Q(t), Z(t), X_{ela}(t))$,定义 Lyapunov 函数为

$$L[\Phi(t)] \triangleq \frac{1}{2}[Q^2(t) + Z^2(t) + X_{ela}^2(t)] \qquad (6.37)$$

则一个时隙的 Lyapunov 漂移可以表示为

$$\Delta L[\Phi(t)] = E\{L(\Phi(t+1) - L(\Phi(t)) | \Phi(t)\} \qquad (6.38)$$

与非弹性能量需求问题规划的求解方法相同,弹性能量需求下的优化问题可转化为

$$P_4 = \min \sum_{t=1}^{T} \{(V_2 C(t) - Q(t) - Z(t))G_1(t) + (V_2 C(t) + X_{ela}(t))G_b(t) - (X_{ela}(t) + Q(t) + Z(t))D(t) + X_{ela}(t)S(t)\} \qquad (6.39)$$

$$\text{s. t.} \text{式}(6.9) \sim (6.11)$$

求解问题 P_4,得到弹性能量需求情况下动态管理算法,如算法 6.2 所示。

算法 6.2　弹性能量需求情况下动态管理算法

---

1. 初始化 V_2、T、$B(1)$、$Q(1)$、$Z(1)$、$X_{ela}(1)$、$B^{\max}$

2. 循环执行:

for $t = 1:1:T$

检测系统状态 $Q(t)$、$Z(t)$、$X_{ela}(t)$、$C(t)$、$A(t)$

根据式(6.39)选择求解的控制决策 $D(t)$、$G_1(t)$、$G_b(t)$,即

if $Q(t) + Z(t) > V_2 C(t)$

if $X_{ela}(t) > -V_2 C(t)$

$G_b(t) = 0; D(t) = \min(B(t), Q(t), D_{\max}); G_1(t) = \min(Q(t) - D(t), G_1^{\max});$

---

else if $X_{\text{ela}}(t) > - (Q(t) + Z(t))$

$G_{\text{b}}(t) = G_{\text{b}}^{\max}$; $D(t) = \min(B(t), Q(t), D_{\max})$;

$G_1(t) = \min(Q(t) - D(t), G_1^{\max})$;

else

$G_{\text{b}}(t) = G_{\text{b}}^{\max}$; $D(t) = 0$; $G_1(t) = \min(Q(t), G_1^{\max})$;

end

else

if $X_{\text{ela}}(t) > - (Q(t) + Z(t))$

$G_{\text{b}}(t) = 0$; $G_1(t) = 0$; $D(t) = \min(B(t), Q(t), D_{\max})$;

else if $X_{\text{ela}}(t) > - V_2 C(t)$

$G_{\text{b}}(t) = 0$; $D(t) = 0$; $G_1(t) = 0$;

else

$G_{\text{b}}(t) = G_{\text{b}}^{\max}$; $D(t) = 0$; $G_1(t) = 0$;

end

end

分别更新 $B(t)$、$Q(t)$、$Z(t)$、$X_{\text{ela}}(t)$

end

6.2.4　弹性能量需求动态算法性能分析

基于 Lyapunov 优化提出的弹性能量需求动态能量管理算法,在保证弹性能量需求情况下的时延不超过要求的期限,最小化基站从电网能耗的成本。由式(6.37)可以看出,提出的算法只与每时隙检测的系统状态 $Q(t)$、$Z(t)$、$X_{\text{ela}}(t)$、$C(t)$、$A(t)$ 有关。从算法 6.2 中可以看出,算法复杂度与时隙 T 成线性关系,复杂度为 $O(n)$,算法复杂度低,容易实现。

定理 6.2　假设 $G_1^{\max} \geqslant \max\{A^{\max}, \varepsilon\}$,如果 $Q(1) = Z(1) = 0$,则当 $t \in \{1, 2, 3, \cdots, T\}$ 时,有参数 $0 \leqslant \varepsilon \leqslant E\{A(t)\}$,$0 < V_2 \leqslant V_2^{\max}$,其中

$$V_2^{\max} = \frac{B^{\max} - A^{\max} - \varepsilon - D^{\max} - G_{\text{b}}^{\max} - S^{\max}}{C^{\max} - C^{\min}} \tag{6.40}$$

则上述算法有以下性质。

(1)在所有的时隙 t 中,队列 $Q(t)$ 和 $Z(t)$ 都有上确界,即

$$Q(t) \leqslant V_2 C^{\max} + A^{\max} \tag{6.41}$$

$$Z(t) \leqslant V_2 C^{\max} + \varepsilon \tag{6.42}$$

且有

$$Q(t) + Z(t) \leq \odot^{\max}$$

$$\odot^{\max} = V_2 C^{\max} + A^{\max} + \varepsilon$$

（2）基站能量需求队列中任何能量需求的最大时延 $T^{\max}$ 为

$$T^{\max} = \frac{2V_2 C^{\max} + A^{\max} + \varepsilon}{\varepsilon} \tag{6.43}$$

（3）若给定 ε，且 $\varepsilon \leq E\{A(t)\}$，基于本书提出的算法，基站要从智能电网额外获得的能量满足自身能量需求，其成本期望的平均值与最优值 P_2^* 的差值不超过 F_2/V_2，即

$$\lim_{T \to \infty} \frac{1}{T} \sum_{t=1}^{T} \{C(t)(G_1(t) + G_b(t))\} \leq P_2^* + \frac{F_2}{V_2} \tag{6.44}$$

其中

$$F_2 = \frac{1}{2} \Big\{ \max\big[(G_b^{\max} + S^{\max})^2, (D^{\max})^2\big] + \max\big[(D^{\max} + G_1^{\max})^2, \varepsilon^2\big] +$$

$$\max\big[(D^{\max} + G_1^{\max})^2, (A^{\max})^2\big] \Big\}$$

由定理 6.2 可以得出，能量需求等待时延随参数 V_2 的增大而增大，而从智能电网中能耗的成本（目标函数）随参数 V_2 的增大更接近最优值 P_2^*，通过调节参数 V_2 可使目标函数值接近最优值，但是能量需求等待时间可能会变长，所以 V_2 应适当取值。为减小最大等待时延 $T^{\max}$，ε 的取值应当尽可能大，但要满足 $\varepsilon \leq E\{A(t)\}$。如果 $E\{A(t)\}$ 给出，则可使 $\varepsilon = E\{A(t)\}$。定理 6.2 的证明如下。

证明　（1）定理 6.2 中，性质（1）中 $Q(t) \leq V_2 C^{\max} + A^{\max}$，用归纳法证明。

①当 $t = 1$ 时，因为 $Q(1) = 0$，所以 $Q(t) \leq V_2 C^{\max} + A^{\max}$ 成立。

②假设 t 时隙 $Q(t) \leq V_2 C^{\max} + A^{\max}$ 成立，证明其在 $t+1$ 时隙成立。

当 $Q(t) \leq V_2 C^{\max}$ 时，因为数据队列每时隙最大增长量为 $A^{\max}$，所以

$$Q(t+1) \leq V_2 C^{\max} + A^{\max}$$

当 $Q(t) > V_2 C^{\max}$ 时，因为 $Z(t) \geq 0$，所以

$$Q(t) + Z(t) \geq Q(t) > V_2 C^{\max} > V_2 C(t)$$

则此时根据算法有 $G_1(t) = G_1^{\max}$。如果 $Q(t) - D(t) - G_1^{\max} > 0$，则在 t 时隙至少有 $G_1^{\max}$ 个数据被服务。又因为 $A^{\max} \leq G_1^{\max}$，则 $Q(t+1) \leq Q(t) \leq V_2 C^{\max} + A^{\max}$。如果 $Q(t) - D(t) - G_1^{\max} \leq 0$，则 $Q(t+1) = A(t) \leq A^{\max} \leq V_2 C^{\max} + A^{\max}$。

综上所述，在所有时隙 t，$Q(t) \leq V_2 C^{\max} + A^{\max}$ 成立。同理可证在所有时隙 t，$Z(t) \leq V_2 C^{\max} + \varepsilon$ 成立。

下面证明 $Q(t) + Z(t) \leq \odot^{\max}$。

①当 $t = 1$ 时，$Q(1) + Z(1) \leq \odot^{\max}$，所以 $Q(t) + Z(t) \leq \odot^{\max}$ 成立。

②假设 t 时隙 $Q(t) + Z(t) \leqslant \odot^{\max}$ 成立,证明其在 $t + 1$ 时隙成立。

当 $Q(t) + Z(t) \leqslant V_2 C^{\max}$ 时,因为数据队列每时隙最大增长量为 $A^{\max} + \varepsilon$,所以

$$Q(t + 1) + Z(t + 1) \leqslant V_2 C^{\max} + A^{\max} + \varepsilon$$

当 $V_2 C^{\max} < Q(t) + Z(t) \leqslant V_2 C^{\max} + A^{\max} + \varepsilon$ 时,有

$$V_2 C(t) - Q(t) - Z(t) < 0$$

则此时根据算法有 $G_1(t) = G_1^{\max}$。

根据上面的证明,此时 $Q(t + 1) \leqslant Q(t) \leqslant V_2 C^{\max} + A^{\max}$,$Z(t + 1) \leqslant Z(t) \leqslant V_2 C^{\max} + \varepsilon$,所以

$$Q(t + 1) + Z(t + 1) \leqslant Q(t) + Z(t) \leqslant \odot^{\max}$$

(2)将上述性质(1)的结论代入式(6.30)中即可证明性质(2)。

(3)该定理中性质(3)的证明参照定理 5.1 中性质(3)的证明。

证毕。

同理,基于 Lyapunov 优化提出的弹性能量需求动态能量管理算法复杂度低,容易实现,并且具有一般性和普适性。

6.3　仿真结果

本书采用的算法不受一般随机过程概率分布的影响,为评估所提算法的性能,方便演示仿真结果,假设基站能量收集和能量需求过程分别服从不同的随机分布。智能电网的电价根据一天中不同时段的负荷大小而变化,假设一天的电价变化如图 6.2 所示,一天中有两个用电高峰期,对应两个电价高峰,电价在 0.5 ~ 1.8 元波动,时隙间隔取 1 min,一天共划分为 1 440 个时隙。本书考虑的时段为 60 天(86 400 个时隙),电价每天的变化趋势均重复第一天电价模型。

根据实际调查情况,蜂窝网络中一个中性基站平均每个月电费约为 1 100 元,结合目前蜂窝网络中基站实际能量的消耗情况和市场上充电电池的容量范围,仿真参数设置见表 6.3。

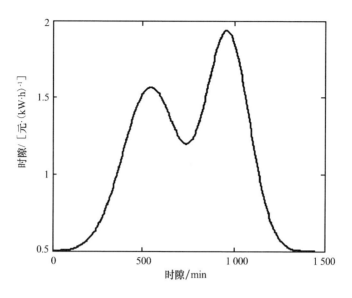

图 6.2　一天(1 440 个时隙)的电价变化

表 6.3　仿真参数设置

参数	数值	参数	数值
时隙间隔	1 min	能量收集	泊松过程
时隙个数	86 400	能量需求	正态分布
电池最大容量	2 000 kJ	A_{max}	120 kJ/时隙
平均能量收集	60 kJ/时隙	平均能量消耗	80 kJ/时隙

首先,验证基站非弹性能量需求情况下提出的实时能量管理算法的有效性,为更好地评估提出的"Lyapunov 优化算法",将提出的算法与"直接购买法"进行对比。不具有 EH 功能的"直接购买法"是指从智能电网直接购买能量以满足基站的能量需求;具有 EH 功能的"直接购买法"是指基站不存储智能电网的能量,若收集并存储的免费能量不能满足能量需求,则无论电价高低,直接从智能电网购买能量需求不足的部分。三种算法下基站能耗成本的对比如图 6.3 所示,此时电池最大容量 $B^{max} = 2\,000$ kJ, $V_1 = 500$。

从图 6.3 中可以看出,在 60 天末,基于"直接购买法",不具备 EH 功能的基站的能耗成本为 1 798.90 元,具备 EH 功能的基站的能耗成本为 454.53 元,基于"电价分布已知法"基站的能耗成本为 286.72 元,而基于"Lyapunov 优化算法"基站的能耗成本为 232.78 元,本书提出的算法比目前不具备 EH 功能且直接购买能量的基站节约1 566.12 元,平均每月节省约 783.06 元,比已知电价分布的基站平均每月节约 26.97 元,且所提算法不需要时变电价概率分布的先验知识。

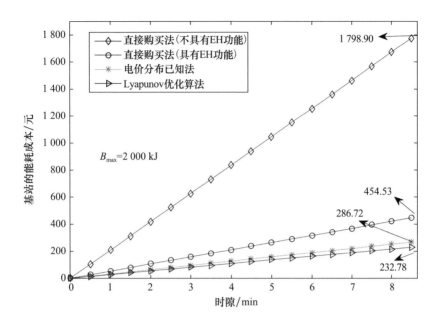

图 6.3　非弹性能量需求基站能耗成本的对比图

提出的算法之所以节约成本,是因为该算法基于电价可根据能量需求、能量收集情况、电池容量及当前可用的能量决策购买多少能量存入电池以备基站使用。为评估电池容量 B_{max} 对所提算法的影响,给出了非弹性能量需求下电池容量对基站能耗成本的影响,如图 6.4 所示。从图 6.4 中可以看出,电池越大,基站能耗成本越小。其原因有两方面:一是电池容量较大时,收集的免费能量能尽可能多地存储在电池中,不造成浪费;二是电价较低时,电池容量较大则能存入更多的低电价能量,以备基站在电价高且能量收集不足时使用,从而节约成本。由于电池容量越大,电池的成本越高,因此基站在选取储能设备容量时可根据电池成本和带来的效益折中选择。

图 6.5 所示为基站在非弹性和弹性两种能量需求下所提算法性能的对比图。在相同的参数设置下,弹性能量情况下基站的能耗成本低于非弹性能量需求情况的成本,其原因是基站可以不必立即响应弹性能量需求,从而等待使用收集的免费能量或低电价能量,也就是用时延换取更低的成本,能量需求弹性越大(即时延要求越低),基站的能耗成本越低。

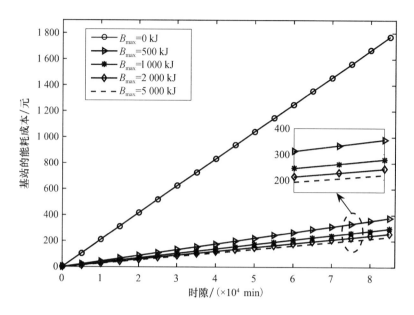

图 6.4 电池最大容量对基站能耗成本的影响

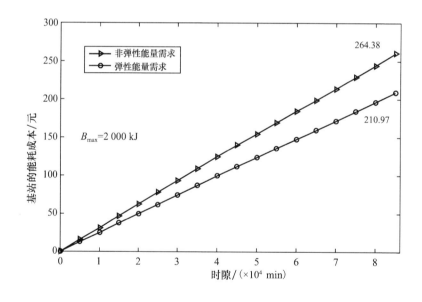

图 6.5 非弹性和弹性能量需求下所提算法性能的对比图

图 6.6 所示为 EH 能量平均值大小不同的三种情况下不同算法的基站能耗成本直方图。图中 EH 能量平均值依次减少,纵坐标为基站累计 60 天的能耗成本。从图 6.6 中可以看出,弹性能量需求下的 Lyapunov 优化算法在每种 EH 情况下从智能电网的能耗总成本均最低;EH 能量的平均值越大,可用的免费能量越多,基站的能耗成本越低。

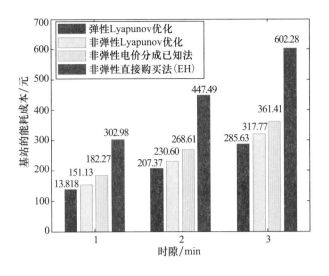

图 6.6 EH 能量平均值大小不同的三种情况下不同算法的基站能耗成本直方图

为方便观察弹性能量需求情况下所提算法给队列带来的时延,图 6.7 所示为基于 Lyapunov 优化算法和最后期限消耗算法下 60 天内到达的能量需求等待时延分布图及基站能耗成本对比图。最后期限消耗算法是指基站在指定期限内只消耗存储在电池中的能量,若最后期限还不能满足基站的能量需求,则从智能电网购买能量满足能量需求,本书设置的最大期限为 20 个时隙。在这种参数设置下,采用 Lyapunov 优化算法基站能耗成本比最后期限消耗算法下的低,约节省 241.22 元。采用 Lyapunov 优化算法能量需求平均等待 7.9 个时隙,而最后期限消耗算法平均等待 19.5 个时隙,绝大部分的能量需求等待到最后两个时隙才被满足。因此,基于 Lyapunov 优化所提的算法在能量需求等待时延上和性能上都有明显的优势。

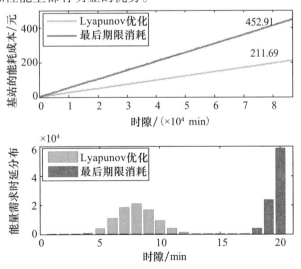

图 6.7 弹性能量需求情况下两种算法的对比

图 6.8 所示为参数 V_2 与目标函数和能量需求队列平均时延的关系。可知,平均时延随 V_2 的增大而成非线性增大,而基站从智能电网能耗的成本随之降低,但当 V_2 增加到某一值(由图 6.8 可知,V_2 的值约为 2 000)时,需求队列平均时延趋于饱和,而基站从智能电网消耗能量的成本下降缓慢,这表明参数 V_2 足够大时,能量需求队列平均时延达到最大值,而目标函数接近最优值。

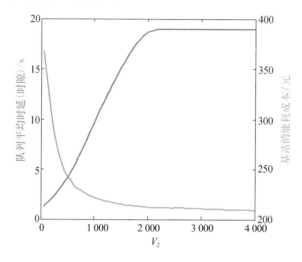

图 6.8　参数 V_2 与目标函数和能量需求队列平均时延的关系

6.4　本章小结

本章研究具有 EH 功能的基站在智能电网时变电价下的动态能量管理方案,综合考虑能量收集、能量需求、时变电价均为一般随机过程(概率分布未知)及电池容量有限等情况,首先构建智能电网作为能源补充的 EH 基站模型。根据此模型,利用 Lyapunov 优化提出了基站非弹性能量需求和弹性能量需求两种情况下能耗成本最小的动态能量管理算法及求解储能电池最佳容量的选取方案,包括从不同能量源获取能量的调度问题,以及根据电价和当前状态,实时决策从智能电网购买多少能量存储在充电电池中以备电价高且收集的能量不能满足需求时使用,分析了电池容量大小的影响。理论分析表明,该算法可使基站的能耗成本无限接近最优值,且保证在弹性能量需求情况下的时延不超过时延要求。仿真结果表明,在 60 天末,提出的算法比目前不具备 EH 功能且直接购买能量的基站节约 1 569.78 元,平均每月节省约 784.89 元,弹性能量需求可进一步降低基站的能耗成本。本研究为未来智能电网时变电价下的基站提供了具有一般性(不需要随机过程的统计信息)的能量管理方案,通过控制基站在电价低时充电供电价高且能量收集不足时使用,能有效降低蜂窝网络的能耗成本,同时参与了智能电网平滑时变负荷的激励措施,有利于智能电网的稳定。

第 7 章　蜂窝网络中 EH 基站间的能量协作算法

　　前面章节的研究主要针对具有 EH 功能的无线通信单节点,对于 EH 无线网络的多个节点,如蜂窝网络中 EH 基站,由于地域和任务的差异,因此某些基站收集的清洁能量可能因储能设备容量限制而导致能量溢出和浪费,同时某些基站可能因任务繁重而导致能量消耗过多,或因捕获的能量过少而导致能量供不应求。因此,蜂窝网络中 EH 基站间能量协作可进一步提高 EH 的利用效率,以减少蜂窝网络从传统电网的能耗及其伴随的二氧化碳的排放。

　　目前对无线通信中能量协作方式主要有 WET 和有线能量传输两种协作方式,但目前 WET 的效率和距离有限,传输功率小,WET 技术目前不适用于蜂窝网络中距离远、功耗大的基站间的能量协作,因此有线能量传输的方式更适用于蜂窝网络中基站间的能量协作。文献[35]中,CoMP 蜂窝网络借助于智能电网的基础设施进行能量协作,每个基站配备一个或多个能量捕获器,各基站捕获的能量通过智能电表和聚合器在智能电网上双向传输,以实现基站间的能量协作。文献[107,108]提出了蜂窝网络中用电力线连接基站,通过连接的电力线分享不同地域的 EH 基站捕获的能量。此外,该电力线可作为基站的回传线路传输基站的信息,以最大效用地使用该电力线。文献[109]研究了两个基站间能量协作的优化问题,基站间通过连接的电力线分享各自捕获的能量,但其建模没有考虑对捕获的能量进行存储控制,因此其模型不利于将固定电价进一步扩展为实时电价的情况。在未来的智能电网中,电网将基于负荷的情况实时调整电价。直观上,基站通过存储电网电价低的电量以备电价高且捕获的能量不足时使用,可减小蜂窝网络从电网中的能耗代价。

　　本章基于两个基站间电力线分享捕获的能量,提出一种新的 EH 基站能量协作模型,捕获的能量先存储后使用,对捕获能量的存储、使用及转移情况进行控制,因此该模型可进一步扩展至固定电价为实时电价这种更复杂的情况。基于线性规划、贪婪算法、Lyapunov 优化设计了三种不同场景下的 EH 基站能量协作算法,可有效减少蜂窝网络从电网中的能耗。

7.1 能量协作基站模型和问题描述

为方便分析,主要考虑蜂窝网络中两个基站间的能量协作,其模型如图 7.1 所示。两个基站分别用 Bs_1 和 Bs_2 表示,每个基站配有各自的 EH 装备并与电网相连,基站可通过连接的电力线传输分享各自捕获的能量。捕获的能量先被存储在各自容量有限的储能设备(充电电池)中,再被基站使用,若各基站在相互分享捕获能量的条件下仍不能满足基站的能量需求,则从电网获取一定的能量作为必要补充。

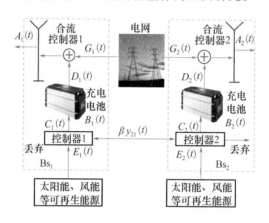

图 7.1 EH 基站间的有线能量协作模型

令 $E_i(t)$ 表示 t 时隙基站 i 捕获的能量,这里 $i \in \{1,2\}$,$t \in \{1,2,\cdots\}$。假设 t 时隙基站捕获的能量先存储在各自的充电电池中供 $t+1$ 时隙使用,为避免电池溢出,每时隙捕获的能量由控制器管理,其中一部分能量 $C_i(t)$ 存入电池,另外一部分能量 $y_{ij}(t)$ 通过电力线转移到另外一个基站 $j(j \in \{1,2\}, i \neq j)$,若此时隙捕获的能量还有剩余,则丢弃。因此,有

$$C_i(t) + y_{ij}(t) \leqslant E_i(t) + \beta y_{ji}(t) \tag{7.1}$$

式中,β 表示能量从一个基站转移到另一个基站的效率,$0 \leqslant \beta \leqslant 1$。假设 $\forall t, 0 \leqslant E_i(t) \leqslant E_{max}$,这里 E_{max} 为常数。对于任意 $t, y_{ij}(t) \geqslant 0$ 且 $y_{12}(t)$ 和 $y_{21}(t)$ 中最多有一个为正数。也就是说,两个基站间不能同时转移能量,即 $y_{12}(t) \cdot y_{21}(t) = 0$。

为方便分析,假设充电电池充、放电时的漏电量忽略不计。电池中的能量 $B_i(t)$ 可根据以下公式更新,即

$$B_i(t+1) = B_i(t) - D_i(t) + C_i(t) \tag{7.2}$$

式中,$D_i(t)$ 是 t 时隙电池释放的能量(以供基站 i 的能量所需),$D_i(t) \geqslant 0$。假设电池的最大容量为 B_{max},很显然每一时隙有 $D_i(t) \leqslant B_i(t) \leqslant B_{max}$,且有 $E_{max} < B_{max}$。

基站 i 在 t 时隙的能量需求记为 $A_i(t)$，$0 \leqslant A_i(t) \leqslant A_{max}$，其中 A_{max} 是基站在一个时隙内最大的能量需求。每个时隙基站的能量需求由充电电池放电和电网共同提供，有

$$A_i(t) = D_i(t) + G_i(t) \tag{7.3}$$

式中，$G_i(t)$ 是 t 时隙基站 i 从电网获取的能量，$0 \leqslant G_i(t) \leqslant G_{max}$，其中 G_{max} 是基站一个时隙内可从电网获取的最大能量。

基站 i 监测每时隙的能量捕获 $E_i(t)$、能量需求 $A_i(t)$ 和电池当前储存的能量 $B_i(t)$。基站之间通过无线信号传输各自监测的信息，根据监测的信息，控制器 i 决策每时隙存入电池的能量 $C_i(t)$ 及转移到另外一个基站的能量 $y_{ij}(t)$，合流控制器 i 决策每个时隙基站从电网获取的电量 $G_i(t)$ 和电池释放的能量 $D_i(t)$。

上述模型是基于电网电价为固定电价的模型，该模型可进一步扩展至电价为实时电价的情况。若电网的电价为实时电价，则充电电池可在电网电价低且捕获的能量较少时适当存储电网的能量，供基站在电价高时使用，从而减小基站从电网能耗的代价。但目前大部分地区还是采用固定电价方式，因此本书主要考虑固定电价情况。

7.2 问题规划和优化算法

本书的目标是通过控制每个时隙的变量 $D_i(t)$、$C_i(t)$、$G_i(t)$、$y_{12}(t)$、$y_{21}(t)$，各基站在满足能量需求的前提下可以从电网中消耗的能量最小，控制策略就是求出这些变量的时间序列。基于以上模型和研究目标，本章研究以下三种场景下的最优能量协作算法。

7.2.1 最优离线策略

首先考虑离线场景，即考虑 K 个时隙（假设时隙间隔是固定的），这里 K 为有限常数，假设每个时隙各基站能量的收集和消耗情况是先验已知的，或 $1 \leqslant t \leqslant K$ 内能量捕获和消耗情况可被很好地预测，且预测误差很小的情景（文献[111]提出太阳能、风能预测模型和方法，短期预测精确度比较可观）。假设某基站能量的收集和消耗情况如图 7.2 所示，这种情景属于特殊情景，一般情况下很难提前准确预知，其目的是为其他情景的算法提供一个衡量基准。图 7.2 中，E_k 是每个时隙捕获的能量，A_k 是每个时隙的能量需求（$k = 1, 2, \cdots, K$）。

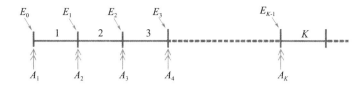

图 7.2　K 个时隙能量捕获和消耗情况

　　该情景下,目标函数可退化为每个时隙基站从电网获取的能量之和,基于建模和优化目标,此时问题规划为

$$\min \sum_{t=1}^{K} \sum_{i=1}^{2} G_i(t) \tag{7.4}$$

$$\text{s.t.} \quad i = 1,2; t = 1,\cdots,K$$

$$A_i(t) = D_i(t) + G_i(t) \tag{7.5}$$

$$C_i(t) + y_{ij}(t) \leqslant E_i(t) + \beta y_{ji}(t) \tag{7.6}$$

$$B_i(t+1) = B_i(t) - D_i(t) + C_i(t) \tag{7.7}$$

$$0 \leqslant B_i(t) \leqslant B_{\max} \tag{7.8}$$

$$0 \leqslant G_i(t) \leqslant G_{\max} \tag{7.9}$$

$$0 \leqslant D_i(t) \leqslant B_i(t) \tag{7.10}$$

$$C_i(t) \geqslant 0, y_{ij}(t) \geqslant 0, B_i(1) = 0 \tag{7.11}$$

　　为保证以上问题可行,假设 $G_{\max} \geqslant A_{\max}$,即每时隙从电网获取的最大能量不小于基站的最大能量需求。式(7.4)~(7.11)显然为线性规划,初始化 $E_i(t)$、$A_i(t)$、$B_i(t)$、$B_{\max}$、$\beta(i=1,2; t=1,\cdots,K)$,运用线性规划的方法求解以上问题,可得到离线最优控制算法。

　　以上线性规划问题的中虽然没有对 $y_{12}(t) \cdot y_{21}(t) = 0$ 明确约束,但该问题的最优解总能满足这一约束,因此去掉这一约束对最优解并没有影响,因为若 $y_{12}(t) \geqslant \beta y_{21}(t)$,定义 $y'_{12}(t) = y_{12}(t) - \beta y_{21}(t)$ 且 $y'_{21}(t) = 0$,式(7.6)在 $i=1$ 时显然保持不变。当 $i=2$ 时,由于 $0 \leqslant \beta \leqslant 1$,$\beta y'_{12}(t) = \beta y_{12}(t) - \beta^2 y_{21}(t) \geqslant \beta y_{12}(t) - y_{21}(t)$,因此式(7.6)仍保持不变。若 $y_{21}(t) \geqslant \beta y_{12}(t)$,则同理式(7.6)成立。

　　线性规划中有时有多个最优解,而规划线性问题即式(7.4)~(7.11)中就存在多个最优控制策略。基站在能量捕获和消耗都确知的情景下,优化目标除最小化 K 时隙内从电网中的能耗外,还进一步可以最大化第 $K+1$ 时隙各基站存储能量之和。这样,各基站存储的能量可供基站在将来的时隙使用,从而减少基站从传统电网的能量,即 $t = 1,2,\cdots,K$,最小化基站从电网中的能耗之和的基础上,再增加一个优化步骤来最大化第 $K+1$ 时隙基站的储能。若用 M_1 表示线性规划中式(7.4)的最优值,新优化目标则是从多

个可获得最优值 M_1 的控制策略中寻找一个可使基站在 $K+1$ 时隙储能之和 $B_1(K+1)+B_2(K+1)$ 最大的策略。

从传统电网能耗之和最小、基站储能之和最大的离线算法如下。

（1）初始化 $E_i(t)$、$A_i(t)$、$B_i(t)$、B_{max}、β、$K(i=1,2;t=1,\cdots,K)$。

（2）求解线性规划式（7.4）~（7.11），得到目标函数（7.4）的最优值 M_1。

（3）求解以下线性规划，即

$$\max\left[B_1(K+1)+B_2(K+1)\right]$$

$$\sum_{t=1}^{K}\sum_{i=1}^{2}G_i(t)\leqslant M_1$$

约束条件同式（7.5）~（7.11）。

（4）求得 $K+1$ 时隙的从电网能耗之和最小、基站储能之和最大的最优控制算法。

该离线算法复杂度分析是该离线算法需要求解两个线性规划，第一个线性规划求解从电网中能耗的最小值，第二个线性规划求解基站储能之和的最大值。每个基站的约束数目约为 $2K$ 个，因此两个基站总的约束为 $4K$ 个，两个线性规划有 $8K$ 个约束。因此，两个线性规划的复杂度为 $O(K^3)$。一般来说，有几千个变量的线性规划可被有效地求解，本书中数值验证的例子中，求解两个基站的离线能量协作算法，在一般的个人机上运行不超过 1 min。

7.2.2　贪婪实时算法

上面第一种情景属于特殊情景（近似理想情况），但在一般情况下，EH 容易受到周边环境、地理位置和气候变化等多方面因素的影响，尤其从不同的可再生源同时捕获能量，很难准确预测 EH 将来的情况。因此，第二种情景针对一般场景下不能提前确知各基站能量的收集和消耗情况，即 $E_i(t)$、$A_i(t)$ 均为随机过程，但各基站的能量需求必须立即满足，如基站发送需要实时通信的数据（语音、视频等），基于上述建模，基于贪婪算法提出一种实时优化算法，基于前一时隙充电电池的可用能量，寻找该时隙的最佳控制策略，令两个基站在当前时隙从电网消耗的能量之和最小，从而使 $t=1\sim K(K\to\infty)$ 时隙内基站从电网能耗的平均能量最小，即

$$\min\lim_{K\to\infty}\sum_{t=1}^{K}\left[G_1(t)+G_2(t)\right] \tag{7.13}$$

约束条件等同式（7.5）~（7.11）。

基于贪婪算法求解得到一种实时优化算法，具有一般性。具体算法如下。

（1）基站 i 的充电电池的放电量 $D_i(t)=\min\{A_i(t),B_i(t)\}$。

（2）从电网获取的电量 $G_i(t)=A_i(t)-D_i(t)$。

（3）各基站充电和能量转移分以下四种情况。

①$E_1(t) \geq B_{max} - B_1(t)$ 且 $E_2(t) \geq B_{max} - B_2(t)$，有

$$C_1(t) = B_{max} - B_1(t), C_2(t) = B_{max} - B_2(t), y_{12}(t) = 0, y_{21}(t) = 0$$

②$E_1(t) \leq B_{max} - B_1(t)$ 且 $E_2(t) \leq B_{max} - B_2(t)$，有

$$C_1(t) = E_1(t), C_2(t) = E_2(t), y_{12}(t) = 0, y_{21}(t) = 0$$

③$E_1(t) \geq B_{max} - B_1(t)$ 且 $E_2(t) \leq B_{max} - B_2(t)$，有

$$C_1(t) = B_{max} - B_1(t), y_{21}(t) = 0$$

$$y_{12}(t) = \min\left\{E_1(t) - C_1(t), \frac{1}{\beta}(B_{max} - B_2(t) - E_2(t))\right\}$$

$$C_2(t) = E_2(t) + \beta \cdot y_{12}(t)$$

④$E_1(t) \leq B_{max} - B_1(t)$ 且 $E_2(t) \geq B_{max} - B_2(t)$，有

$$C_2(t) = B_{max} - B_2(t), y_{12}(t) = 0$$

$$y_{21}(t) = \min\left\{E_2(t) - C_2(t), \frac{1}{\beta}(B_{max} - B_1(t) - E_1(t))\right\}$$

$$C_1(t) = E_1(t) + \beta \cdot y_{21}(t)$$

（4）能量队列根据式(6.2)更新。

7.2.3 Lyapunov 优化算法

第三种场景，各基站能量的收集和消耗过程，即 $E_i(t)$、$A_i(t)$ 仍均为随机过程，假设在时隙上独立分布，但概率分布情况未知。如同第 5 章的描述的场景，基站捕获的能量用于数据传输，只要在一定时间内能满足用户（如文件数据）即可，即基站的能耗是弹性的，不必立即响应能量需求。假设各基站允许最大能量时延记为 T_i^{max}（$i = 1, 2$），各基站的能量需求队列记为 $Q_i(t)$，则各基站的能量需求队列更新为

$$Q_i(t + 1) = \max\{Q_i(t) - D_i(t) - G_i(t), 0\} + A_i(t) \tag{7.14}$$

为保证基站能量需求的最大时延满足用户要求，构建虚队列 $Z_i(t)$（$i = 1, 2$），且有 $Z_i(0) = 0$，固定参数 $\delta_i > 0$，虚队列根据以下公式更新，即

$$Z_i(t + 1) = \max\{Z_i(t) + \delta_i 1_{\{Q_i(t) > 0\}} - D_i(t) - G_i(t), 0\} \tag{7.15}$$

式中，$1_{\{Q_i(t) > 0\}}$ 是一个指示变量，如果 $Q_i(t) > 0$ 时，则其值为 1，否则为 0；δ_i 意味着对虚队列积压的惩罚，用于调节虚队列 $Z_i(t)$ 的增长速度。

根据 Lyapunov 优化方法可推出：如果通过控制变量，令所有实队列 $Q_i(t)$ 和虚队列 $Z_i(t)$ 稳定，即实队列 $Q_i(t)$ 和虚队列 $Z_i(t)$ 的上确界有限，$Q_i(t) \leq Q_i^{max}$，$Z_i(t) \leq Z_i^{max}$，Q_i^{max} 和 Z_i^{max} 为正常数，则可以保证基站的最大等待时延不超过 T_i^{max} 个时隙。这里，T_i^{max} 为

$$T_i^{\max} = \frac{Q_i^{\max} + Z_i^{\max}}{\delta_i} \tag{7.16}$$

调整参数 δ_i 可改变每个基站能量需求队列的最大等待时延 $T_i^{\max}$，使其满足接收用户的数据时延要求。该情景下，基于上述建模，为使基站从电网获取的平均电量最小，且保证基站的能量需求队列时延不超过最大等待时延 $T_i^{\max}$，问题规划为

$$\min \limsup_{K \to \infty} E\Big\{ \frac{1}{K} \sum_{t=1}^{K} \sum_{i=1}^{2} G_i(t) \Big\} \tag{7.17}$$

$$\text{s.t. 所有实队列 } Q_i(t) \text{ 和虚队列 } Z_i(t) \text{ 稳定} \tag{7.18}$$

$$式(7.6) \sim (7.11)$$

运用 Lyapunov 优化方法求解。令 $\odot(t) = [Q_1(t), Q_2(t), Z_1(t), Z_2(t)]$，即实队列和虚队列的联合矢量。定义 Lyapunov 函数 $L[\odot(t)] \triangleq \frac{1}{2} \sum_{i=1}^{2} [Q_i(t)^2 + Z_i(t)^2]$ 作为同时衡量 $Q_i(t)$ 和 $Z_i(t)$ 积压的标量。那么，一个时隙的 Lyapunov 漂移为

$$\Delta[L\odot(t)] \triangleq E\{L[\odot(t+1)] - L[\odot(t)] \mid \odot(t)\} \tag{7.19}$$

算法的设计则是根据当前队列 $Q_i(t)$、$Z_i(t)$ 和 $B_i(t)$ 的积压及当前能量捕获 $E_i(t)$ 和需求 $A_i(t)$ 情况，做出的决策使 t 时隙式(7.20)最小，即

$$\min \Delta L[\odot(t)] + V_3 \cdot E\{G_1(t) + G_2(t) \mid \odot(t)\} \tag{7.20}$$

V_3 为调节参数，对式(6.20)整理后得到

$$\Delta L[\odot(t)] + V_3 \cdot E\{G_1(t) + G_2(t) \mid \odot(t)\}$$
$$\leqslant C_3 + V_3 \cdot E\{G_1(t) + G_2(t) \mid \odot(t)\} +$$
$$\sum_{i=1}^{2} Q_i(t) E\{A_i(t) - D_i(t) - G_i(t) \mid \odot(t)\} +$$
$$\sum_{i=1}^{2} Z_i(t) E\{\sigma_i(t) - D_i(t) - G_i(t) \mid \odot(t)\} \tag{7.21}$$

式中，C_3 为常数，具体表示为

$$C_3 = A_{\max}^2 + (G_{\max} + B_{\max})^2 + \frac{1}{2} \sum_{i=1}^{2} \max[\delta_i^2, (G_{\max} + B_{\max})^2] \tag{7.22}$$

最小化表达式(7.20)等效于最小化不等式(7.21)右边部分，其等效目标函数为

$$\min V_3[G_1(t) + G_2(t)] + \sum_{i=1}^{2} Q_i(t)[A_i(t) - D_i(t) - G_i(t)] +$$
$$\sum_{i=1}^{2} Z_i(t)[\delta_i(t) - D_i(t) - G_i(t)] \tag{7.23}$$

简化式(7.23)，除去与决策变量的无关项，原问题则转化为

$$\min \sum_{i=1}^{2} [V_3 - Q_i(t) - Z_i(t)] G_i(t) - \sum_{i=1}^{2} [Q_i(t) - Z_i(t)] D_i(t) \tag{7.24}$$

约束等同式（7.6）~（7.11）。由于 $Q_i(t) \geq 0$，$Z_i(t) \geq 0$，因此求解式（7.6）~（7.11）下的目标函数式（7.24），得到的最优实时算法如下。

（1）t 时隙各基站充电电池的放电量 $D_i(t) = \min\{B_i(t), Q_i(t)\}$（$i = 1,2$）。

（2）各基站 t 时隙从传统电网获取的电量 $G_i(t)$，当 $0 \leq Q_i(t) + Z_i(t) \leq V_3$ 时，$G_i(t) = 0$；当 $Q_i(t) + Z_i(t) \geq V_3$ 时，$G_i(t) = \min\{Q_i(t) - D_i(t), G_{max}\}$。

（3）各基站充电电池 t 时隙的充电及能量转移，运用贪婪算法中的充电和能量转移算法。

（4）能量队列、实队列和虚队列分别根据式（7.2）、式（7.14）和式（7.15）更新。返回（1），基于 $t+1$ 时隙的能量捕获和消耗及各队列积压情况运用以上方法对控制变量进行决策。

基于 Lyapunov 提出的实时最优控制算法，在满足基站弹性能量需求和时延要求的条件下，通过能量协作最小化基站从电网获取的能量，算法只需每个时隙观察所有队列积压及对能量捕获和消耗情况做出相应决策，不需要知道这些随机过程的统计分布知识。

7.3　仿真结果

为评估提出的算法性能，对提出的算法进行仿真验证。考虑风能作为可再生源，风速数据来自文献[114]，并基于 Vestas 海上风力发电机的技术参数提取仿真所需的能量捕获数据。不同基站采用不同时段的风能数据作为地理位置带来的差异。由于本章提出的实时算法不依赖于随机过程的概率分布，而近似理想的离线算法则需要提前知道基站的消耗信息，因此为方便对比，假设两个基站的能量消耗为正态分布。这种假设仅仅是为了仿真展示。假设时隙间隔固定为 1 min，总时隙数为 1 440 个时隙（即 1 天的时间）。结合蜂窝网中大多基站的实际能量消耗情况和目前市面电池的容量范围，能量协作仿真参数设置见表 7.1。

表 7.1　能量协作仿真参数设置

参数	数值	参数	数值
时隙间隔	1 min	平均能量消耗 A_1、A_2	90 kJ、110 kJ/时隙
时隙个数	1 440	平均能量捕获 E_1、E_2	120 kJ、80 kJ/时隙

续表7.1

参数	数值	参数	数值
电池最大容量	2 000 kJ	A_{max}、G_{max}	250 kJ/时隙
能量捕获过程	泊松过程	能量消耗	正态分布

　　将本章提出的三种场景下的能量协作算法(最优离线算法、贪婪算法和 Lyapunov 优化算法)与两基站之间无能量协作的情况对比,如图 7.3 所示,此时 $B_{max} = 2\ 000\ kJ$,$V = 5\ 000$,$\beta = 0.5$。从图 7.3 中可以看出运用本书提出的三种优化算法,使两基站从电网消耗的能量明显少于无能量协作的情况。运用最优离线算法,基站 1 天内累计从电网消耗的能量最少,其性能最好,但是该最优算法考虑的是理想情况,需要提前预知各基站能量需求和收集的精确数据。Lyapunov 优化算法优于贪婪算法,其原因是当存储的能量不足于需求时,基站并不急于从电网获取能量,而是适当等待未来时隙(时延容忍的范围内)收集更多的能量,而贪婪算法下的基站能量需求没有供应时延。也就是说,Lyapunov 优化算法利用能量需求的等待来换取更好的性能。

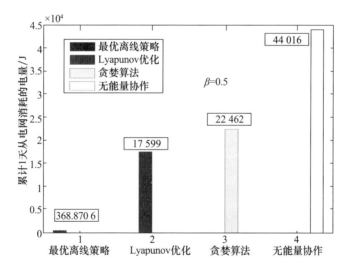

图 7.3　三种能量协作算法与无能量协作的对比

　　为更好地评估提出的算法在不同值下的性能,图 7.4 所示为 $\beta = 0.1$、$\beta = 0.3$、$\beta = 0.7$、$\beta = 0.9$ 四种情况下贪婪算法和 Lyapunov 优化算法与无能量协作的比较,分别对应图 7.4(a)、(b)、(c)、(d)($B_{max} = 2\ 000\ kJ$,$V = 5\ 000$)。从图 7.4 中可以看出,提出的算法总是优于基站间无能量协作的情况,即相比于基站间无能量协作,运用提出能量协作方案可以很好地节约从电网消耗的能量;Lyapunov 优化方法优于贪婪算法,运用能量需求的等待来换取更好的性能;随着 β 值的增加,提出的优化算法性能越好,即基站间能量分享时,能量转移损耗越少,则从电网获取的能量越少,否则从电网获取的能量就相对越多;当 $\beta=0$,即基站间无能量转移时,提出的算法则没有意义。

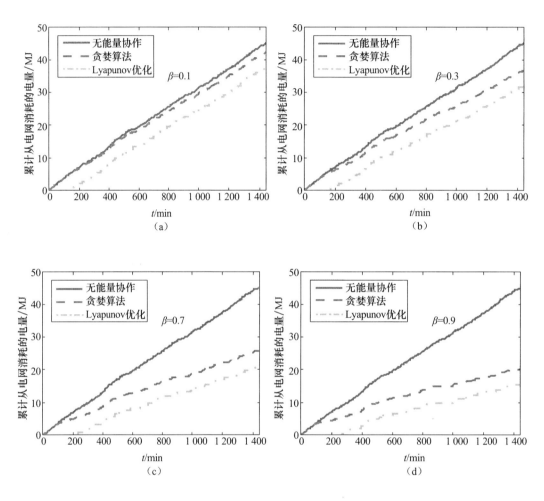

图 7.4　提出的优化算法在不同 β 值下的性能比较

基站从可再生源捕获的能量在使用之前先存储在充电电池中,电池的最大容量 B_{max} 对提出的算法的影响如图 7.5 所示,此时 $\beta=0.5$, $V=5\ 000$。充电电池的容量越小(小于平均每时隙捕获的能量),则基站从电网消耗的电量越多,且原因是电池容量小,捕获的能量因电池容量限制使得收集的大部分能量被丢弃,不能很好地被利用。当电池容量大于每时隙平均捕获的能量时,三种算法的性能基本比较稳定。贪婪算法和 Lyapunov 优化算法随着电池容量的增加,基站从电网消耗的能量略有升高,其原因是运用这两种算法,电池容量越大,基站间协作的机会越少,收集的部分能量有可能一直存储在某基站的电池中而不能被其他基站使用。

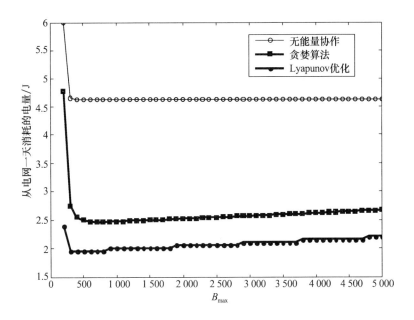

图 7.5　基站充电电池的容量对提出的算法的影响

7.4　本章小结

　　本章对蜂窝网络中具有能量捕获功能的基站,基于基站之间可通过相连的电力线共享捕获的能量,提出了基站间能量协作的新模型。基于提出的新模型,运用线性规划、贪婪算法和 Lyapunov 优化,研究各基站能量捕获和消耗特性在离线场景、一般场景和基站弹性能耗的三场景下的能量协作问题,其目的是最小化基站从电网消耗的能量,并给出了相应的最优离线和实时算法。最后,通过数值仿真,验证了提出的算法的有效性,以及能量转移损耗、电池容量大小对能量协作下基站性能收益的影响。本章构建的模型及算法易扩展,当电网电价为实时电价时,充电电池可在电网电价低且捕获的能量较少时存储电网的能量,供基站在电价高时使用,从而减小基站从电网能耗的代价。

第8章 时变电价下 EH 基站间动态能量协作算法的研究

本章基于第 6 章和第 7 章智能电网作为补充能源的 EH 基站模型,构建时变电价下 EH 基站间能量协作模型,研究智能电网时变电价下基站间的动态能量协作方案,提出了基站非弹性能量需求和弹性能量需求两种情况下的动态能量协作算法,其目的是提高收集的免费能量的利用率,最小化基站从智能电网能耗的成本总和。提出的动态能量协作算法复杂度低,不需要知道基站能量收集、能量需求及智能电网时变电价的先验统计信息。理论分析表明,该算法可使基站的能耗成本无限接近最优值,且保证在弹性能量需求情况下的时延不超过时延要求,并通过仿真验证了算法的有效性,分析了转移效率和电池容量对算法性能的影响。通过控制基站间的协作和在电价低时充电供电价高且能量收集不足时使用,能有效降低蜂窝网络的能耗成本总和。

8.1 建模和问题描述

简化分析,本章以两个基站为例,智能电网(具有时变电价)作为补充能源的 EH 基站间能量协作模型如图 8.1 所示。EH 装置收集的能量一部分存储在充电电池中供基站使用,一部分由控制器控制通过基站间已连接的电力载波线与其他基站进行能量协作,以提高可再生能源利用率,尽可能地减小基站从智能电网能耗成本总和。

假设 t 时隙基站 i 收集的能量为 $R_i(t)$,基站 i 一个时隙收集能量的最大值为 R_i^{max},则有 $0 \leqslant R_i(t) \leqslant R_i^{max}$,因为基站间具有能量协作功能,由控制器管理每时隙收集的能量,t 时隙基站 i 收集的能量实际存入其充电电池的部分用 $r_i(t)$ 表示,则有 $0 \leqslant r_i(t) \leqslant R_i(t)$,通过基站间已连接的电力载波线分享给其他基站 j 的能量记为 $K_{ij}(t)$,其中 $i,j \in \{1,2\}$,$i \neq j$,用 $S_i(t)$ 表示 t 时隙存入基站 i 总的收集能量,则有

$$S_i(t) = r_i(t) + \beta K_{ji}(t) \tag{8.1}$$

$$r_i(t) + \beta K_{ij}(t) \leqslant R_i(t) \tag{8.2}$$

式中,β 为电力载波线的传输效率,对于任意 t,$K_{ij}(t) \geqslant 0$,且 $K_{12}(t)$ 和 $K_{21}(t)$ 中最多一个为正数,两个基站不能同时转移能量,即

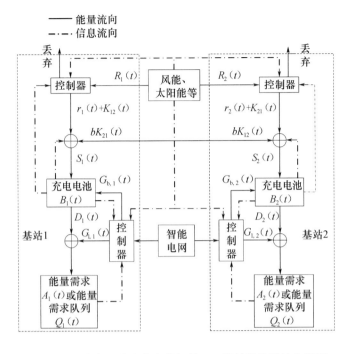

图 8.1　智能电网作为补充能源的 EH 基站间能量协作模型

$$K_{ji}(t) \cdot K_{ij}(t) = 0 \tag{8.3}$$

t 时隙基站 i 电池中的能量记为 $B_i(t)$，本书中时隙间隔较小（为 1 min），忽略充电电池的不理想特性（漏电等），电池能量 $B_i(t)$ 可根据以下公式更新，即

$$B_i(t+1) = B_i(t) - D_i(t) + S_i(t) + G_{b,i}(t) \tag{8.4}$$

式中，$D_i(t)$ 是 t 时隙基站 i 电池的放电量，即 t 时隙基站 i 从电池获取的电量，对于 $\forall t$，$0 \leqslant D_i(t) \leqslant D^{max}$，$D^{max}$ 为电池一个时隙的最大放电量；$G_{b,i}(t)$ 为 t 时隙基站 i 从智能电网存入电池的能量，$0 \leqslant G_{b,i}(t) \leqslant G_b^{max}$，$G_b^{max}$ 为电池一个时隙从智能电网的最大充电量。电池容量的最大值为 B^{max}，在每个时隙显然有

$$D_i(t) \leqslant B_i(t) \leqslant B^{max} \tag{8.5}$$

智能电网的电价是时变的，记为 $C(t)$。基于电网的时变电价，基站 i 控制器根据当前的能量需求、能量收集、电池容量及电池中可用的能量等因素，动态地决策该时隙是否从智能电网购电，以及购买多少能量 $G_{b,i}(t)$ 给充电电池充电，以备将来电价高且电池中的能量不能满足基站的能量需求时使用，其目的是在满足基站能量需求的条件下最小化基站的能耗成本总和。

本章节将基站的能量需求分为非弹性能量需求和弹性能量需求分别进行研究。假设 t 时隙基站 i 的能量需求为 $A_i(t)$，基站 i 从充电电池获取的能量为 $D_i(t)$，从智能电

网购买 $G_{\mathrm{b},i}(t)$ 存入电池中, 此外基站直接从智能电网获取的能量记为 $G_{\mathrm{l},i}(t)$, $G_\mathrm{l}^{\max}$ 为基站一个时隙从智能电网获取的最大能量, $0 \leqslant G_{\mathrm{l},i}(t) \leqslant G_\mathrm{l}^{\max}$。则 t 时隙基站 i 从智能电网中购买的总能量为 $G_{\mathrm{b},i}(t) + G_{\mathrm{l},i}(t)$, 每个时隙基站 i 从电网能耗的成本总和为 $C(t)[G_{\mathrm{b},i}(t) + G_{\mathrm{l},i}(t)]$, 优化的目标函数为

$$\min \lim_{T \to \infty} \frac{1}{T} \sum_{t=1}^{T} \sum_{i=1}^{2} E\{C(t)[G_{\mathrm{b},i}(t) + G_{\mathrm{l},i}(t)]\} \tag{8.6}$$

该系统中充电电池中可用的能量、基站能量需求、能量收集的实时信息由基站直接监测, 智能电网的时变电价通过无线信号传递给基站。由于智能电网中部署的信息和通信的基础设施, 因此上述组件之间能够进行信息收集和传递。

8.2 问题规划和求解

基于上述模型, 在基站能量需求、能量收集及电价均为一般随机过程(概率分布未知)的情况下, 通过动态地控制每个时隙的决策变量序列, 基站在满足能量需求的前提下从智能电网的能耗成本总和最小。

8.2.1 非弹性能量需求及其求解

t 时隙基站 i 的能量需求为 $A_i(t)$, 若该需求为非弹性能量需求, 则应立即得到响应, 因此基站从充电电池和智能电网获取的能量应满足

$$A_i(t) = D_i(t) + G_{\mathrm{l},i}(t) \tag{8.7}$$

基站在非弹性能量需求情况下问题规划为

$$P_5 = \min \lim_{T \to \infty} \frac{1}{T} \sum_{t=1}^{T} \sum_{i=1}^{2} E\{C(t)[G_{\mathrm{b},i}(t) + G_{\mathrm{l},i}(t)]\} \tag{8.8}$$

$$\text{s. t.} \quad A_i(t) = D_i(t) + G_{\mathrm{l},i}(t) \tag{8.9}$$

$$B_i(t+1) = B_i(t) - D_i(t) + S_i(t) + G_{\mathrm{b},i}(t) \tag{8.10}$$

$$D_i(t) \leqslant B_i(t) \leqslant B^{\max} \tag{8.11}$$

$$S_i(t) = r_i(t) + \beta K_{ji}(t) \tag{8.12}$$

$$r_i(t) + K_{ij}(t) \leqslant R_i(t) \tag{8.13}$$

$$K_{ji}(t) \cdot K_{ij}(t) = 0 \tag{8.14}$$

$$0 \leqslant D_i(t) \leqslant D^{\max} \tag{8.15}$$

$$0 \leqslant G_{\mathrm{b},i}(t) \leqslant G_\mathrm{b}^{\max} \tag{8.16}$$

$$0 \leqslant G_{\mathrm{l},i}(t) \leqslant G_\mathrm{l}^{\max} \tag{8.17}$$

采用 Lyapunov 优化算法不需要任何系统状态的先验知识,就可以得到上述目标函数的最优解。首先构造一个变量 $X_i(t)$,有

$$X_i(t) = B_i(t) - V_3 C^{\max} - D^{\max} \tag{8.18}$$

式中,V_3 是控制参数;$X_i(t)$ 是用来确保提出的算法满足电池电量约束条件,即式(8.11)。通过合理调节参数 V_3,电池电量保持在合理范围,有

$$- V_3 C^{\max} - D^{\max} \leqslant X_i(t) \leqslant B^{\max} - V_3 C^{\max} - D^{\max} \tag{8.19}$$

基于电池能量更新式(8.4),$X_i(t)$ 根据下式更新,即

$$X_i(t+1) = X_i(t) - D_i(t) + S_i(t) + G_{b,i}(t) \tag{8.20}$$

定义 Lyapunov 函数 $L[X(t)] \triangleq \dfrac{1}{2} \displaystyle\sum_{i=1}^{2} X_i^2(t)$,一个时隙的 Lyapunov 漂移为

$$\Delta L[X(t)] \triangleq E\{L[X(t+1)] - L[X(t)] \mid X_i(t)\} \tag{8.21}$$

将 Lyapunov 函数代入式(8.21)求解得到 Lyapunov 漂移的上界,即

$$\Delta L[X(t)] \leqslant \frac{1}{2} E \sum_{i=1}^{2} \max[(G_b^{\max} + S_i^{\max})^2, (D^{\max})^2] -$$

$$X_i(t) E \sum_{i=1}^{2} [D_i(t) - S_i(t) - G_{b,i}(t)] \tag{8.22}$$

根据 Lyapunov 漂移函数的性质,最小化式(8.22)则能满足约束式(8.11),因此规划问题式(8.8)~(8.17)转化为

$$\min \Delta L(X(t)) + V_3 E \sum_{i=1}^{2} \{C(t)[G_{l,i}(t) + G_{b,i}(t)] \mid X_i(t)\} \tag{8.23}$$

$$\text{s. t.} \quad 式(8.9)、式(8.12) \sim (8.17)$$

求解式(8.23)得

$$\Delta L(X(t)) + V_3 E \sum_{i=1}^{2} \{C(t)[G_{l,i}(t) + G_{b,i}(t)] \mid X_i(t)\}$$

$$\leqslant F_3 - X_i(t) E \sum_{i=1}^{2} \{[D_i(t) - S_i(t) - G_{b,i}(t)] \mid X_i(t)\} +$$

$$V_3 E \sum_{i=1}^{2} \{C(t)[G_{l,i}(t) + G_{b,i}(t)] \mid X_i(t)\} \tag{8.24}$$

其中

$$F_3 = \frac{1}{2} E \sum_{i=1}^{2} \max[(G_b^{\max} + R_i^{\max})^2, (D^{\max})^2]$$

最小化式(8.23),即最小化每个时隙不等式(8.24)的右边,原问题可转化为

$$P_6 = \min \sum_{t=1}^{T} \left\{ \sum_{i=1}^{2} \{[V_3 C(t) + X_i(t)] G_{b,i}(t) + [V_3 C(t)] G_{l,i}(t) - X_i(t) D_i(t)\} + \right.$$

$$X_1(t)\big[r_1(t)+\beta K_{21}(t)\big]+X_2(t)\big[r_2(t)+\beta K_{12}(t)\big]\Big\} \tag{8.25}$$

$$\text{s. t.} \quad \text{式}(8.9)\text{、式}(8.12)\sim(8.17)$$

求解问题 P_6，求解过程与第 6 章类似，这里不再赘述，得到非弹性能量需求情况下动态动态能量协作算法如算法 8.1 所示。

算法 8.1　非弹性能量需求情况下动态能量协作算法

---

1. 初始化 β、V_3、T、$B(1)$、$X(1)$、B^{max}

2. 循环执行：

for $t=1:1:T$

检测系统状态 $X_i(t)$、$R_i(t)$、$C(t)$、$A_i(t)$

根据式 (8.25) 选择求解的控制决策 $D_i(t)$、$G_{l,i}(t)$、$G_{b,i}(t)$、$r_i(t)$、$K_{ij}(t)$、$K_{ji}(t)$，即：

(1) 判断 $X_1(t)$，$-V_3C(t)$ 和 0 三者之间的关系；

(2) 判断 $X_2(t)$，$-V_3C(t)$ 和 0 三者之间的关系；

(3) 判断 $X_1(t)$ 和 $X_2(t)$ 的关系。

选择求解的控制决策

分别更新 $B_i(t)$、$X_i(t)$

$B_i(t+1)=B_i(t)-D_i(t)+S_i(t)+G_{b,i}(t)$

$X_i(t+1)=X_i(t)-D_i(t)+S_i(t)+G_{b,i}(t)$

end

8.2.2　非弹性能量需求协作算法性能分析

基于 Lyapunov 优化提出的非弹性能量需求动态能量协作算法，最小化基站从电网能耗成本的总和，由式 (8.25) 可以看出，提出的算法只与每时隙检测的系统状态 $X_i(t)$、$R_i(t)$、$C(t)$、$A_i(t)$ 有关，由算法 8.1 可以看出，算法复杂度与时隙呈线性关系，复杂度为 $O(n)$，算法复杂度低，容易实现。

定理8.1　假设 $G_1^{max}+G_b^{max}\geqslant A_i^{max}$，在时隙 $t\in\{1,2,3,\cdots,T\}$ 上任意常数 V_3 满足 $0\leqslant V_3\leqslant V_3^{max}$，其中

$$V_3^{max}=\frac{B^{max}-D^{max}-G_b^{max}-\max(R_1^{max},R_2^{max})}{C^{max}-C^{min}} \tag{8.26}$$

则上述算法有以下性质。

(1) 队列 $X_i(t)$ 在所有时隙都有界，即

$$-V_3C^{max}-D^{max}\leqslant X_i(t)\leqslant B^{max}-V_3C^{max}-D^{max} \tag{8.27}$$

（2）如果 $R_i(t)$、$A_i(t)$、$C(t)$ 在时隙上独立同分布，则在上述算法下的平均成本的期望与最优解 P_3^* 的差不超过 F_3/V_3，即

$$\lim_{T\to\infty} \frac{1}{T} \sum_{t=1}^{T} \sum_{i=1}^{2} E\{ C(t)[G_{1,i}(t) + G_{b,i}(t)] \} \leq P_3^* + \frac{F_3}{V_3} \tag{8.28}$$

由定理 8.1 得出，队列 $X_i(t)$ 随参数 V_3 的增大而减小，基站的能耗成本（目标函数）随参数 V_3 的增大更接近最优值 P_3^*，通过调节参数 V_3 可使目标函数值接近最优值，同时要考虑将充电电池中的实时电量控制在合理的范围，所以要合理调节 V_3 的值。定理 8.1 的证明参考第 6 章定理 6.1 的证明。

综上所述，基于 Lyapunov 优化提出的非弹性能量需求动态能量协作算法，通过调整参数可使基站能耗成本总和接近最优值，而且复杂度低，容易实现。此外，该算法不需要各基站能量收集、能量需求及时变电价的统计分布知识，具有一般性和普适性。

8.2.3　弹性能量需求及其求解

t 时隙基站 i 的能量需求为 $A_i(t)$，若为弹性能量需求，则允许有一定时延，这些能量需求存储在队列 $Q_i(t)$ 中，以先进先出的方式被服务，只要该能量需求队列中的任何能量需求的等待时间不超过最大时延要求 $T_i^{\max}$ 即可。能量需求队列 $Q_i(t)$ 根据以下公式更新，即

$$Q_i(t+1) = \max[Q_i(t) - D_i(t) - G_{l,i}(t), 0] + A_i(t) \tag{8.29}$$

为保证 $Q_i(t)$ 中所有能量需求的等待时间不超过最大时延 $T_i^{\max}$，构造虚队列 $Z_i(t)$，即

$$Z_i(t+1) \triangleq \max[Z_i(t) - D_i(t) - G_{l,i}(t) + \varepsilon_i 1_{\{Q_i(t)>0\}}, 0] \tag{8.30}$$

式中，$1_{\{Q_i(t)>0\}}$ 是一个指示函数，当 $Q_i(t)>0$ 时，其取值为 1，否则为 0；ε_i 是一个固定的正常数，是对虚队列积压的惩罚，相当于虚队列的到达过程，用于控制虚队列 $Z_i(t)$ 的增长速度。在 $Q_i(t)>0$ 的情况下，每个时隙到达 ε_i，而虚队列与实队列的服务速率相同，这就可以保证如果队列 $Q_i(t)$ 中有长期未被服务的能量需求，$Z_i(t)$ 就会增长。以下引理表明，如果可以控制参数以确保队列 $Q_i(t)$ 和 $Z_i(t)$ 具有有限的上界，那么就可保证 $Q_i(t)$ 中所有能量需求的时延都不超过最大值 $T_i^{\max}$。

引理 8.1　假设可以通过控制参数以确保在所有时隙 t 上有 $Z_i(t) \leq Z_i^{\max}$ 和 $Q_i(t) \leq Q_i^{\max}$，其中 $Z_i^{\max}$ 和 $Q_i^{\max}$ 是正常数，那么基站 i 能量需求队列的最大时延为

$$T_i^{\max} = \frac{Q_i^{\max} + Z_i^{\max}}{\varepsilon_i} \tag{8.31}$$

引理 8.1 是根据 Lyapunov 优化理论推导而得的，推导过程参考第 6 章引理 6.1 证

明。根据引理 8.1 调整参数 ε_i 可改变基站能量需求队列的最大等待时延,使能量需求的等待时间不超过最大时延要求。

基站在弹性能量需求情况下问题规划为

$$P_7 = \min \lim_{T \to \infty} \frac{1}{T} \sum_{t=1}^{T} \sum_{i=1}^{2} E\{C(t)[G_{b,i}(t) + G_{l,i}(t)]\} \tag{8.32}$$

$$\text{s.t.} \quad \overline{Q_i(t)} < \infty, \overline{Z_i(t)} < \infty \tag{8.33}$$

$$式(8.10) \sim (8.17)$$

式中,$\overline{Q_i(t)} < \infty$ 和 $\overline{Z_i(t)} < \infty$ 表示实队列和虚队列积压有限,即令实队列和虚队列保持稳定,以保证基站能量需求队列中任何能量需求的等待时间不超过最大时延 $T_i^{\max}$。同非弹性能量需求的求解,首先为保证提出的算法满足电池电量式(8.11),定义一个变量 $X_{i,\mathrm{ela}}(t)$,有

$$X_{i,\mathrm{ela}}(t) \triangleq B_i(t) - \odot_i^{\max} - D^{\max} \tag{8.34}$$

式中,$\odot_i^{\max}$ 是控制参数;$X_{i,\mathrm{ela}}(t)$ 根据下式更新,即

$$X_{i,\mathrm{ela}}(t+1) = X_{i,\mathrm{ela}}(t) - D_i(t) + S_i(t) + G_{b,i}(t) \tag{8.35}$$

队列状态记为 $\Phi_i(t)$,$\Phi_i(t) = (Q_i(t), Z_i(t), X_{i,\mathrm{ela}}(t))$,定义 Lyapunov 函数为

$$L(\Phi(t)) \triangleq \frac{1}{2} \sum_{i=1}^{2} [Q_i^2(t) + Z_i^2(t) + X_{i,\mathrm{ela}}^2(t)] \tag{8.36}$$

则一个时隙的 Lyapunov 漂移可以表示为

$$\Delta L(\Phi(t)) = E\{L(\Phi(t+1) - L(\Phi(t)) \mid \Phi_i(t)\} \tag{8.37}$$

同非弹性能量需求问题规划的求解方法,弹性能量需求下的优化问题可转化为

$$P_8 = \min \sum_{t=1}^{T} \Big\{ \sum_{i=1}^{2} \Big\{ [V_4 C(t) - Q_i(t) - Z_i(t)] G_{l,i}(t) + [V_2 C(t) + X_{i,\mathrm{ela}}(t)] G_{b,i}(t) - $$

$$[X_{i,\mathrm{ela}}(t) + Q_i(t) + Z_i(t)] D_i(t) \Big\} + X_{1,\mathrm{ela}}(t)[r_1(t) + \beta K_{21}(t)] + $$

$$X_{2,\mathrm{ela}}(t)[r_2(t) + \beta K_{12}(t)] \Big\} \tag{8.38}$$

$$\text{s.t.} \quad 式(8.12) - (8.17)$$

求解问题 P_8,得到弹性能量需求情况下动态协作算法如算法 8.2 所示。

算法 8.2　弹性能量需求情况下动态协作算法

---

1. 初始化 V_4、T、$B_i(1)$、$Q_i(1)$、$Z_i(1)$、$X_{i,\mathrm{ela}}(1)$、$B^{\max}$

2. 循环执行:

for $t = 1:1:T$

检测系统状态 $Q_i(t)$、$Z_i(t)$、$X_{i,\mathrm{ela}}(t)$、$R_i(t)$、$A_i(t)$、$C(t)$

根据式(4.38)选择求解的控制决策 $D_i(t)$、$G_{1,i}(t)$、$G_{\mathrm{b},i}(t)$、$r_i(t)$、$K_{ij}(t)$、$K_{ji}(t)$

(1)判断 $-[Q_i(t) + Z_i(t)]$ 与 $-V_4 C(t)$ 的关系。

(2)判断 $X_i(t)$、$-[Q_i(t) + Z_i(t)]$ 与 $-V_4 C(t)$ 三者的关系。

(3)判断 $X_1(t)$ 和 $X_2(t)$ 的关系。

选择求解的控制决策

分别更新 $B_i(t)$、$Q_i(t)$、$Z_i(t)$、$X_{i,\mathrm{ela}}(t)$

end

8.2.4　弹性能量需求协作算法性能分析

基于 Lyapunov 优化提出的弹性能量需求动态能量协作算法,最小化基站从电网能耗成本的总和,由式(4.38)可以看出,提出的算法只与每时隙检测的系统状态 $Q_i(t)$、$Z_i(t)$、$X_{i,\mathrm{ela}}(t)$、$R_i(t)$、$A_i(t)$、$C(t)$ 有关,由算法 8.2 可以看出,算法复杂度与时隙成线性关系,复杂度为 $O(n)$,复杂度低,容易实现。

定理 8.2　假设 $G_1^{\max} \geqslant \max\{A_i^{\max}, \varepsilon_i\}$,如果 $Q_i(1) = Z_i(1) = 0$,则当 $t \in \{1, 2, 3, \cdots, T\}$ 时,有参数 $0 \leqslant \varepsilon_i \leqslant E\{A_i(t)\}$,$0 < V_4 \leqslant V_4^{\max}$,其中

$$V_4^{\max} = \frac{B^{\max} - \max(A_1^{\max}, A_2^{\max}) - \max(\varepsilon_1, \varepsilon_2) - D^{\max} - G_{\mathrm{b}}^{\max} - \max(R_1^{\max}, R_2^{\max})}{C^{\max} - C^{\min}}$$

(8.39)

则上述算法有以下性质。

(1)在所有的时隙 t 中,队列 $Q_i(t)$ 和 $Z_i(t)$ 都有上确界,即

$$Q_i(t) \leqslant V_4 C^{\max} + A_i^{\max}$$

(8.40)

$$Z_i(t) \leqslant V_4 C^{\max} + \varepsilon_i$$

(8.41)

(2)基站能量需求队列中任何能量需求的最大时延 $T_i^{\max}$ 为

$$T_i^{\max} = \frac{2 V_4 C^{\max} + A_i^{\max} + \varepsilon_i}{\varepsilon_i}$$

(8.42)

(3)若给定 ε_i,且 $\varepsilon_i \leqslant E\{A_i(t)\}$,则基于本书提出的算法,基站要从智能电网额外获得的能量满足自身能量需求,其成本期望的平均值跟最优值 P_4^* 的差值不超过 F_4/V_4,即

$$\lim_{T \to \infty} \frac{1}{T} \sum_{t=0}^{T-1} \sum_{i=1}^{2} \{C(t)[G_{1,i}(t) + G_{\mathrm{b},i}(t)]\} \leqslant P_4^* + \frac{F_4}{V_4}$$

(8.43)

其中

$$F_4 = \frac{1}{2} E \sum_{i=1}^{2} \left\{ \max\left[(G_b^{\max} + R_i^{\max})^2, (D^{\max})^2 \right] + \max\left[(D^{\max} + G_1^{\max})^2, \varepsilon_i^2 \right] + \right.$$

$$\left. \max\left[(D^{\max} + G_1^{\max})^2, (A_i^{\max})^2 \right] \right\}$$

由定理 8.2 得出,能量需求等待时延随参数 V_4 的增大而增大,而从智能电网能耗的成本(目标函数)随参数 V_4 的增大更接近最优值 P_4^*,调节参数 V_4 可使目标函数值接近最优值,但是能量需求等待时间可能会变长,所以 V_4 应适当取值。为减小最大等待时延 $T_i^{\max}$, ε_i 的值应当尽可能的大,但要满足 $\varepsilon_i \leq E\{A_i(t)\}$。如果 $E\{A_i(t)\}$ 给出,则可使 $\varepsilon_i = E\{A_i(t)\}$。定理 8.2 的证明参考第 6 章定理 6.2 的证明。

同理,基于 Lyapunov 优化提出的弹性能量需求动态能量协作算法复杂度低,容易实现,具有一般性和普适性。

8.3   仿真结果

为验证基站间进行能量协作的有效性,本节电价变化与第 6 章保持一致,结合目前蜂窝网络中基站实际能量的消耗情况和市场上充电电池的容量范围,仿真参数设置见表 8.1。

表 8.1   仿真参数设置

参数	数值	参数	数值
时隙间隔	1 min	能量收集	泊松过程
时隙个数	86 400	能量需求	正态分布
电池最大容量	2 000 kJ	$A_1^{\max} + A_2^{\max}$	240 kJ/时隙
平均能量收集	120 kJ/时隙	平均能量消耗	90 kJ/时隙
R_1、R_2	80 kJ/时隙	A_1、A_2	110 kJ/时隙

在非弹性能量需求情况下,基于本书提出的"Lyapunov 优化"算法,将两种协作算法"Lyapunov 优化协作算法"和"贪婪协作算法"与基站间"无能量协作算法"进行对比,如图 8.2 所示,此时电池最大容量 $B^{\max} = 2\,000$ kJ,$V = 500$,$\beta = 0.9$。可以看出,采用两种协作算法时基站从智能电网的能耗成本明显比基站间无能量协作要小,在 60 天末,两个基站采用"Lyapunov 优化协作算法"比基站间无能量协作时节省了 137.14 元,"Lyapunov 优化协作算法"与"贪婪协作算法"相比,采用"Lyapunov 优化协作算法"基站的能耗成本低是因为"贪婪协作算法"下基站收集的免费能量首先存储在自己的充电电

池中,当自身电池已存满而收集的免费能量仍有剩余时,则分享给其他基站,而
"Lyapunov 优化协作算法"是当电池电量达到设置的容量阈值时,无论电池有没有存满,
都将其余收集的免费能量分享给其他基站,即适时分享。在弹性能量需求情况下的
"Lyapunov 优化协作算法"比非弹性能量需求情况下的能耗成本低是因为基站可以不必
立即响应弹性能量需求,从而等待使用收集的免费能量或者低电价能量或者其他基站
分享的免费能量,也就是用时延换取更低的成本,能量需求弹性越大(时延要求越低),
基站的能耗成本越低。

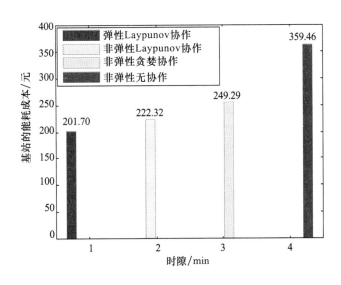

图 8.2　协作算法与无协作算法的对比

　　为验证提出的算法在不同值下的性能,在非弹性能量需求情况下,将本书提出的两
种协作算法"Lyapunov 优化协作算法"和"贪婪协作算法"与基站间"无能量协作算法"
进行对比,如图 8.3 所示。此时,电池最大容量 $B = 2\ 000$ kJ,$V_4 = 2\ 000$。图中给出了四
种情况下基站从智能电网能耗成本的对比,分别对应图 8.3(a)、(b)、(c)、(d)。可以
看出,本书提出的两种有协作的算法始终比无能量协作算法性能好。也就是说,与基站
间无能量协作相比,本书提出的两种能量协作方案均能有效地利用基站收集的可再生
能量,减少基站从智能电网消耗电量的成本。采用"Lyapunov 优化协作算法"比"贪婪协
作算法"效果好是因为"Lyapunov 优化协作算法"是适时分享能量,而弹性能量需求情况
下的协作算法则是用时延换取更低的成本。随着值的减小,能量协作算法性能越来越
差,是因为基站间有能量协作时,能量转移损耗越来越多,则从智能电网消耗的能量也
越多,否则从智能电网消耗的能量就相对越少,但始终比基站间无能量协作性能要好。
　　提出的算法之所以节约成本,是因为该算法基于电价可根据能量需求、收集情况、

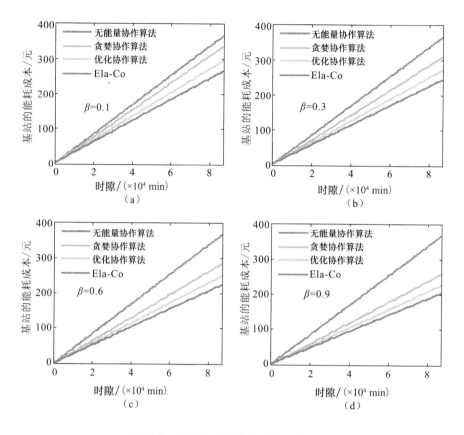

图 8.3　不同值对协作算法性能的影响

电池容量和当前可用的能量决策是否向其他基站分享能量及购买多少能量存入电池以备基站使用。为评估电池容量对所提算法的影响,给出了非弹性和弹性能量需求下电池容量对基站能耗成本的影响,如图 8.4 所示。可以看出,整体上基站从智能电网的能耗成本随着电池容量的逐渐增大而降低,一是电池容量较大时,收集的免费能量和其他基站分享的免费能量能尽可能多的存储在电池中,不会造成浪费;二是电价较低时,电池容量较大则能存入更多的低电价能量,以备基站在电价高且能量收集不足时使用,从而达到降低成本的目的。当电池容量达到某一个值时,基站从智能电网的能耗成本趋于稳定,由于所提算法对电池内能量的范围进行了限制,因此电池容量越大,电池内能量的限制上界越大,基站间进行能量协作的次数就会越少,导致收集的免费能量和从智能电网购买的低电价能量部分长期存储在电池内得不到利用,这也是一种浪费。另外,基站的最大能量需求有限,电池容量越大,电池的成本越高,所以基站在选取储能设备容量时应根据电池成本和带来的效益折中选择。

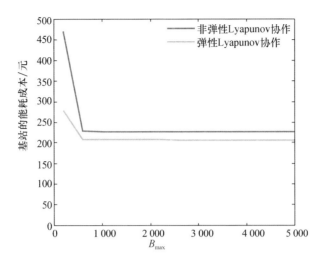

图 8.4　电池容量对协作算法的影响

8.4　本章小结

　　本章研究时变电价下多个 EH 基站的能量协作模型和实时能量协作算法,考虑了多个基站所处的地理位置不同带来的能量收集的差异,以及各基站的任务和能力各异,其储能电池容量受限,构建了属于同一移动运营商(如中国移动或者中国联通)基站在电价时变的智能电网作为候补能源条件下相互分享 EH 能量的协作模型,根据各基站的状态,包括能量收集、能量需求、储备的能量、能量分享的损耗及智能电网当前的电价,基于 Lyapunov 优化研究了多个 EH 基站基于实时能量分享的能耗成本总和最小的协作算法。理论分析表明,该算法可使基站的能耗成本无限接近最优值,且保证在弹性能量需求情况下的时延不超过时延要求。仿真结果表明,基于 Lyapunov 优化方法,在 60 天末,两个基站采用"Lyapunov 优化协作算法"比基站间无能量协作时节省了 137.14 元,弹性能量需求可进一步降低基站的能耗成本。此外,本章还分析了电池容量大小对所提算法性能的影响。

第9章 总结与展望

9.1 总 结

EH技术将分布式可再生能源引入无线通信网络中,为绿色通信开辟了新的方向,成为解决通信能耗和环保问题的有效途径。但由于EH受到各种因素的影响,因此从自然环境中捕获的能量具有间歇性和随机性,EH无线网络中如何高效地利用捕获的能量进行数据传输是具有实际意义的热点问题。本书运用随机优化理论,对EH无线通信系统进行数学建模和理论分析,研究了不同场景下的无线通信网络的传输调度和能量管理优化算法,以最大化系统的性能和捕获能量的效率,从而减小网络从传统电网的能耗。具体工作总结如下。

(1)总结并深入研究了EH无线通信系统在离线场景下和统计特性已知场景下的最优传输算法,分析了在不同场景下和不同优化目标下EH无线通信系统的约束条件,从理论证明两种优化目标(最大化某个时间期限内的吞吐量和最小化给定数据量的传输时间)是等效的。离线场景下运用集合图形法、凸优化方法及定向注水算法给出了无线静态信道和衰落信道下的最优离线传输算法,并分析了电池容量有限和容量无限对最优传输的影响,统计特性已知场景下构建符合EH系统的特性的Markov模型,基于动态规划得到最优在线传输策略。此外,总结了相关降低在线算法复杂度的次优策略,仿真对比了不同的配置下离线和在线最优、次优算法的性能。

(2)研究了EH无线通信系统在一般场景下的传输功率优化问题,构建了一般场景下的EH无线通信系统模型,基于Lyapunov优化提出了一种动态功率控制算法,并从理论上证明了提出的算法可使优化目标无限趋于最优。仿真结果进一步表明了所提算法的性能与已知随机过程统计知识得到的最优算法的性能相同,而提出的算法不依赖于EH过程和信道衰落的统计知识,具有普适性,且算法简单易于实现,复杂度低,为EH、信道状态概率分布难以统计的无线通信系统提供了一种有效的传输方案。

(3)对于由EH源和传统电网混合供电的大功率无线通信系统,研究了该系统在一般场景下的单用户和多用户功率分配和调度优化问题,构建了一般场景下混合供电的无线通信系统数学模型,并把问题规划成随机网络优化问题,基于Lyapunov优化方法提出了单用户混合供电无线系统的动态传输和供电源调度优化算法,以及多用户混合供电无线系统的动态功率分配、传输调度和供电源调度的优化算法。理论分析和仿真结果表明,所提算法在满足每个用户的时延容忍要求的条件下可使混合供电无线系统从传统电网消耗的能量最小,通过调节优化参数,能满足不同系统的时延和优化目标的要求。算法本身不需要获取无线传输信道、能量到达、数据到达的统计信息,复杂度低,易于实现,为大功率无线通信系统的节能减排和保证通信服务质量提供了理论支撑。

(4)提出了蜂窝网络中混合供电基站在不同场景下的能量协作方案,基于基站之间相连的电力线分享各自捕获的能量构建了基站间有线能量协作的模型。根据各基站能量捕获和消耗的特性,运用线性规划、贪婪算法和 Lyapunov 优化方法分别提出了离线场景、一般场景及弹性能量需求场景下的有效能量协作方案。该方案有利于实现基站间的免费能量共享,从而使基站从电网消耗的电量最小,降低能耗二氧化碳的排放。同时,分析了能量转移损耗、电池容量大小等因素对基站从电网获取能量的影响,有利于绿色通信的设计和实现。

9.2　研究展望

EH 技术将可再生清洁的分布式能源引入无线通信网络中,为绿色通信开辟了新的方向。异构无线通信网络中各节点所处地理环境不同,可再生源种类多样,各节点供电方式不同(EH 源或恒定电网或 EH 源和恒定电网混合)、节点任务和能力各异,因此异构无线网络具有更大的随机性。如何利用随机优化的相关理论实现异构无线网络中资源的高效管理和调度,以降低整体网络的能耗、提高网络的性能是本书进一步的研究方向。因此,在本书现有研究基础上,未来研究工作将集中于以下几方面。

(1)在 EH 异构无线网络中,存在着大量绿色清洁能源,这些分布式的能源可为无线设备提供持久且清洁的能源,但由于异构网络的复杂性,以及可再生能源的多样性和网络状态的随机性等因素,因此此类网络在资源分配、中继协作、公平调度及网络的能效优化等方面都存在着新的问题。例如,中继选择除考虑节点的位置和信道状况及兼顾资源分配和利用的公平性,还要考虑各节点能量的收集和消耗状况,并优先有效地利用各节点 EH 能量。对 EH 异构无线网络资源分配、协作方案的研究是本书的可扩展点。

(2)随着 WET 技术的发展,WET 与无线信息传输快速发展与结合,衍生出另一种新兴技术:携能通信,即无线信息与能量同时传输。新技术的出现为异构网络下的资源调度问题开拓了新思路,本书可进一步研究 EH 异构协作无线网络在能量协作下的中继节点选择算法和多跳协作最优路径算法,以及能量协作和信息协作的有效联合协作方案,以提高网络的性能。本书将在异构网络下多跳网络中能量和信息联合协作及无线信息与能量同时传输中信息和能量的优化等方面做进一步的扩展。

参 考 文 献

［1］陈斌,杨晋利.中国碳排放交易机制户分析及对通信业的影响［J］.通信世界,2018
（1）:75 – 76.

［2］HAN W, ZHANG Y, WANG X, et al. Orthogonal power division multiple Access: a
green communication perspective ［J］. IEEE J. Sel. Area. Comm. , 2016, 34（12）:
3828 – 3842.

［3］ULUKUS S, YENER A, ERKIP E, et al. Energy harvesting wireless communications: a
review of recent advances ［J］. IEEE J. Sel. Area. Comm, 2015, 33（3）:360 – 381.

［4］OZEL O, TUTUNCUOGLU K, ULUKUS S, et al . Fundamental limits of energy
harvesting communications ［J］. IEEE Commun. Mag, 2015, 53（4）:126 – 132.

［5］GUNDUZ D, STAMATIOU K, MICHELUSI N, et al. Designing intelligent energy
harvesting communication systems ［J］. IEEE Commun. Mag, 2014, 52:210 – 216.

［6］AZMIERSKI T J, BEEBY S. Energy harvesting systems ［M］New York:Springer, 2014.

［7］ABBAS M, TAWHID M, SALEEM K, et al. Solar energy harvesting and management in
wireless sensor networks ［J］. International Journal of Distributed Sensor Networks, 2014
（3）:8.

［8］MANWELL J F, MCCOWAN J G, ROGERS A L. Wind energy explained: theory,
design and application ［J］. Wind Engineering, 2002, 30（2）:169 – 170.

［9］MARIAN V, ALLARD B, VOLLAIRE C, et al, Strategy for microwave energy harvesting
from ambient field or a feeding source ［J］. IEEE Transactions on Power Electronics,
2012, 27（11）:4481 – 4491.

［10］LIU L, ZHANG R, CHUA K. Wireless information transfer with opportunistic energy
harvesting ［J］. IEEE Trans. Wireless Commun. , 2012, 12（1）:288 – 300.

［11］ZHOU X, ZHANG R, HO C. Wireless information and power transfer: architecture
design and rate-energy tradeoff ［J］. IEEE Trans. Wireless Commun. , 2013, 61（11）:
4754 – 4767.

［12］DU P, YANG Q, SHEN Z, et al. Distortion minimization in wireless sensor networks with energy harvesting [J]. IEEE Communications Letters, 2017 (99):1.

[13] CHOI K, GINTING L, ROSYADY P, et al. Wireless-powered sensor networks:how to realize [J]. IEEE Trans. Wireless Commun. , 2017, 16 (1):221 – 234.

[14] SUNNY A. Joint scheduling and sensing allocation in energy harvesting sensor networks with fusion centers [J]. IEEE J. Sel. Area. Comm. , 2016,34 (12):3577 – 3589.

[15]蔡委哲. 能量捕获无线通信系统的资源优化 [D]. 合肥:中国科学技术大学, 2017.

[16] AHMED I, IKHLEF A, NG D W K, et al. Power allocation for an energy harvesting transmitter with hybrid energy sources [J]. IEEE Trans. Wireless Commun. , 2013, 12 (12):6255 – 6267.

[17]HAN T, ANSARI N. On optimizing green energy utilization for cellular networks with hybrid energy supplies [J]. IEEE Trans. Wireless Commun. , 2013, 12 (8): 3872 – 3882.

[18]刘迪迪,林基明,王俊义,等. 混合供电发射机的功率分配及调度算法研究[J]. 西安电子科技大学学报, 2016 43(6):9 – 15.

[19] LIU D D, LIN J M, WANG J Y, et al. Dynamic power allocation for a multiuser transmitter with hybrid energy sources [J]. EURASIP Transactions on Wireless Communications and Networking, 2017(1): 1 – 12.

[20] HOSSAIN E, RASTI M, TABASSUM H, et al. Evolution toward 5G multi-tier cellular wireless networks:an interference management perspective [J]. IEEE Trans. Wireless Commun. , 2016, 21(3):118 – 127.

[21]KU M L,LI W, CHEN Y, et al. Advances in energy harvesting communications:past, present, and future challenges[J]. IEEE Communications Surveys & Tutorials, 2017, 18 (2):1384 – 1412.

[22]吴晓民. 能量捕获驱动的异构网络资源调度与优化研究[D]. 合肥:中国科学技术大学,2016.

[23]RUAN L , LAU V K N. Power control and performance analysis of cognitive radio systems under dynamic spectrum activity and imperfect knowledge of system state[J]. IEEE Trans. Wireless Commun. , 2009, 8 (9):4616 – 4622.

[24]DWK N G,SCHOBER R. Energy-efficient resource allocation in OFDMA systems with large numbers of base station antennas[J]. IEEE Trans. Wireless Commun. , 2012, 11 (9):5916 – 5920.

[25] VARGA L O, ROMANIELLO G, VUČINIĆ M, et al. GreenNet: an energy-harvesting IP-enabled wireless sensor network[J]. IEEE Internet of Things Journal, 2017, 2 (5): 412 −426.

[26] KUSALADHARMA S, TELLAMBURA C. Performance characterization of spatially random energy harvesting underlay D2D networks with transmit power control[J]. IEEE Transactions on Green Communications & Networking, 2018, 2 (1):87 −99.

[27] LIU S, LU J, WU Q, et al. Harvesting-aware power management for real-time systems with renewable energy [J]. IEEE Transactions on Very Large Scale Integr. VLSI Syst. , 2012, 20 (8):1473 −1486.

[28] ZHANG B, SIMON R, AYDIN H. Harvesting-aware energy management for time-critical wireless sensor networks with joint voltage and modulation scaling [J]. IEEE Transactions on Industrial Informatics, 2013, 9 (1):514 −526.

[29] HU J, ZHANG G, WEI H, et al. Optimal energy-efficient transmission in multiuser systems with hybrid energy harvesting transmitter[C]. Washington DC: Globecom IEEE Global Communications Conference, 2016.

[30] GONG J, ZHOU S, NIU Z. Optimal power allocation for energy harvesting and power grid coexisting wireless communication systems [J]. IEEE Trans. Commun. , 2013,61 (7):3040 −3049.

[31] XU J, ZHANG R. CoMP meets smart grid: a new communication and energy cooperation paradigm[J]. IEEE Transactions on Vehicular Technology, 2015, 64(6): 2476 −2488.

[32] LEITHON J, TENG J L, SUN S. Online energy management strategies for base stations powered by the smart grid [J]. IEEE International Conference on Smart Grid Communictions, 2013, 143 (6):199 −204.

[33] KANSAL A, HSU J, ZAHEDI S, et al. Power management in energy harvesting sensor networks [J]. Acm Transactions on Embedded Computing Systems, 2007, 6 (4):32.

[34] LEI J, YATES R, GREENSTEIN L. A generic model for optimizing single-hop transmission policy of replenishable sensors [J]. IEEE Transactions on Wireless Communications, 2009, 8(2):547 −551.

[35] MEDEPALLY B, MEHTA N B, MURTHY C R. Implications of energy profile and storage on energy harvesting sensor link performance [C]. Honolulu: IEEE Conference on Global Telecommunications, 2009.

[36] SUSU A E, ACQUAVIVA A, ATIENZA D, et al. Stochastic modeling and analysis for environmentally powered wireless sensor nodes [J]. International Symposium on Modeling & Optimization in mobile, Ad Hoc and Wireless Networks and Workshops, 2008, 1:125 – 134.

[37] NIYATO D, HOSSAIN E. A fallahi, sleep and wakeup strategies in solar-powered wireless sensor/mesh networks: performance analysis and optimization [J]. IEEE Transactions on Mobile Computing, 2006, 6 (2):221 – 236.

[38] CHAN R, ZHANG P, ZHANG W, et al. Adaptive duty cycling in sensor networks via continuous time Markov chain modelling [C]. London: IEEE International Conference on Communications, 2017.

[39] OZEL O, TUTUNCUOGLU K, YANG J, et al. Transmission with energy harvesting nodes in fading wireless channels: optimal policies [J]. IEEE J. Sel. Areas in Commun. , 2011, 29 (8):1732 – 1743.

[40] RUBIO J, PASCUAL – ISERTE A. Energy-aware broadcast multiuser – MIMO precoder design with imperfect channel and battery knowledge [J]. IEEE Transactions on Wireless Communications, 2014, 13 (6):3137 – 3152.

[41] HUANG C, ZHANG R, CUI S. Throughput maximization for the Gaussian relay channel with energy harvesting constraints [J]. IEEE J. Sel. Areas Commun. , 2013, 31(8):1469 – 1479.

[42] TAPPARELLO C, SIMEONE O, ROSSI M. Dynamic compression – transmission for energy-harvesting multihop networks with correlated sources [J]. IEEE/ACM Trans. Netw. , 2014, 22,(6):1729 – 1741.

[43] PARK S, HONG D. Achievable throughput of energy harvesting cognitive radio networks [J]. IEEE Transactions on Wireless Communications, 2014, 13 (2):1010 – 1022.

[44] TUTUNCUOGLU K, YENER A. Sum-rate optimal power policies for energy harvesting transmitters in an interference channel [J]. IEEE J. Commun. Netw. , 2012,14 (2): 151 – 161.

[45] YANG J, ULUKUS S. Optimal packet scheduling in a multiple access channel with rechargeable nodes[C]. Kyoto: Proc. IEEE ICC, 2011.

[46] HAN T, ANSARI N. Green-energy aware and latency aware user associations in heterogeneous cellular networks[C]. Atlanta: Proc. IEEE GLOBECOM, 2013.

［47］GUPTA S, ZHANG S, HANZO L. Throughput maximization for a buffer-aided successive relaying network employing energy harvesting ［J］. IEEE Trans. Veh. Technol. ,2016, 65(8):6758 – 6765.

［48］YANG J,ULUKUS S. Optimal packet scheduling in an energy harvesting communication system［J］. IEEE Trans. Commun. , 2012, 60(1):220 – 230.

［49］YANG J, OZEL O,ULUKUS S. Broadcasting with an energy harvesting rechargeable transmitter［J］. IEEE Trans. Wireless Commun. , 2012, 11(2):571 – 583.

［50］TUTUNCUOGLU K, YENER A. Optimum transmission policies for battery limited energy harvesting nodes ［J］. IEEE Trans. Wireless Commun. , 2012, 11 (3): 1180 – 1189.

［51］OZEL O, YANG J, ULUKUS S. Broadcasting with a battery limited energy harvesting rechargeable transmitter［C］. Princeton: Proceedings of 2011 International Symposium of Modeling and Optimization of Mobile, Ad Hoc, and Wireless Networks, 2011.

［52］DEVILLERS B, GUNDUZ D. A general framework for the optimization of energy harvesting communication systems with battery imperfections ［J］. J. Commun. Networks, 2012,14(2):130 – 139.

［53］GREGORI M, PAYARO M. Energy-efficient transmission for wireless energy harvesting nodes［J］. IEEE Trans. Wireless Commun. , 2013,12(3):1244 – 1254.

［54］NORDIO A,CHIASSERINI C F, TARABLE A. Bounds to fair rate allocation and communication strategies in source/relay wireless neworks ［J］. IEEE Trans. Wireless Commun. , 2014, 13(1):320 – 329.

［55］ORHAN O, GUNDUZ D, ERKIP E. Energy harvesting broadband communication systems with processing energy cost ［J］. Wireless Communications IEEE Transactions, 2013, 13(11):6095 – 6107.

［56］ZHANG T, CHEN W, HAN Z, et al. A cross-layer perspective on energy-harvesting-aided green communications over fading channels ［J］. IEEE Trans. Veh. Technol. , 2013, 64(4):1519 – 1534.

［57］BLASCO P, GUNDUZ D, DOHLER M. A learning theoretic approach to energy harvesting communication system optimization ［J］. IEEE Trans. Wireless Commun. , 2013, 12(4):1872 – 1882.

［58］VAZE R, GARG R, PATHAK N. Dynamic power allocation for maximizing throughput in energy-harvesting communication systems ［J］. IEEE/ACM Trans. Networking,

2014, 22(5):1621 – 1630.

[59] NG G, LO E, SCHOBER R. Energy-efficient resource allocation in OFDMA systems with hybrid energy harvesting base station [J]. IEEE Trans. Wireless Commun. , 2013, 12(7):3412 – 3427.

[60] NEELY M J, MODIANO E, ROHRS C E. Dynamic power allocation and routing for time-varying wireless networks [J]. IEEE Journal on Selected Areas in Communications, 2005, 23 (1):89 – 103.

[61] CHEN H, ZHAO F, YU R, et al. Power allocation and transmitter switching for broadcasting with multiple energy harvesting transmitters [J]. EURASIP J. Wirel. Commun. Netw. 2014,1:1 – 11.

[62] BOYD S, VANDENBERGHE L. Convex optimization [M]. Cambridge:Cambridge University Press, 2004.

[63] HU Q, YUE W. Markov decision processes with their applications [M]. New York: Springer, 2008.

[64] 肖华. 无线通信中的马尔科夫决策过程研究[D]. 成都:电子科技大学, 2013.

[65] 奚宏生. 随机过程引论[M]. 合肥:中国科学技术大学出版社, 2009.

[66] JACOBS K. Elements of information theory [J]. Optica Acta International Journal of Optics, 2007, 39 (7):1600 – 1601.

[67] SADEGHI P, KENNEDY R A, RAPAJIC P B, et al. Finite-state Markov modeling of fading channels a survey of principles and applications[J]. IEEE Signal Processing Magazine, 2008, 25 (5):57 – 80.

[68] HO C K, KHOA P D, PANG C M. Markovian models for harvested energy in wireless communications [C]. Singapore:IEEE International Conference on Commun. Syst. (ICCS),2010.

[69] BERTSEKAS D P. Dynamic programming and optimal control[J]. Athena Scientific, 2007, 47 (6):833 – 834.

[70] HO C K, ZHANG R. Optimal energy allocation for wireless communications with energy harvesting constraints[J]. IEEE Transactions on Signal Processing, 2011, 60 (9):4808 – 4818.

[71] BOYD S, VANDENBERGHE L. Convex optimization [M]. Cambridge:Cambridge University Press, 2004.

[72] GOLDSMITH A J, VARAIYA P P. Capacity of fading channels with channel side

information[J]. IEEE Press, 1997, 43 (6):1986 – 1992.

[73]SHARMA V, MUKHERJI U, JOSEPH V, et al. Optimal energy management policies for energy harvesting sensor nodes[J]. IEEE Trans. Wireless Commun. , 2010, 9: 1326 – 1335.

[74] NEELY M J. Stochastic network optimization with application to communication and queuing systems [M]. San Rafael:Morgan & Claypool Publishers, 2010.

[75] NEELY M J. Energy optimal control for time-varying wireless networks[J]. IEEE Transactions on Information Theory, 2006, 52 (7):2915 – 2934.

[76] GIAMBENE G. Queueing theory and telecommunications: networks and applications [M]. New York:Springer, 2005.

[77] GEORGIADIS L, NEELY M J. TASSIULAS L. Resource allocation and cross-layer control in wireless networks [J]. Foundations & Trends in Networking, 2006, 1 (1): 1 – 144.

[78] NEELY M J, MODIANO E, LI C P. Fairness and optimal stochastic control for heterogeneous networks[J]. IEEE/ACM Transactions on Networking, 2008, 16 (2): 396 – 409.

[79] KANSAL A, HSU J, ZAHEDI S, et al. Power management in energy harvesting sensor networks [J]. Trans. Embedded Computing Sys. , 2007, 6(4):32.

[80] LIU D, LIN J, WANG J, et al. Dynamic power control for throughput maximization in hybrid energy harvesting node [C]. Chongqing:11th EAI International Conference on Communications and Networking in China, 2016.

[81]KANSAL A, HSU J, ZAHEDI S, et al. Power management in energy harvesting sensor networks [J]. Trans. Embedded Computing Sys. , 2007, 6(4): 32 – 69.

[82]NEELY M J, TEHRANI A S, DIMAKIS A G. Efficient algorithms for renewable energy allocation to delay tolerant consumers [C]. Gaithersburg: First IEEE International Conference on Smart Grid Communications, 2010.

[83] SUDEVALAYAM S, KULKARNI P. Energy harvesting sensor nodes: survey and implications [J]. Commun. Surveys Tuts. ,2011, 13(3):443 – 461.

[84]JIN C, SHENG X, GHOSH P. Optimized electric vehicle charging with intermittent renewable energy sources[J]. IEE J. Sel. Topics in Signal Processing, 2016, 8(6): 1063 – 1072.

[85]ZHAI D, SHENG M, ZHOU S, et al. Leakage-aware dynamic resource allocation in

hybrid energy powered cellular networks[J]. IEEE Trans. Commun. , 2015, 63(11):
4591 – 4603.

[86] GONG J, THOMPSON J S, WANG X, et al. Base station sleeping and resource
allocation in renewable energy powered cellular networks[J]. IEEE Trans. Commun. ,
2014, 62(11):3801 – 3813.

[87] HUANG H, LAU V. Decentralized delay optimal control for interference networks with
limited renewable energy storage[J]. IEEE Trans. Signal Process. 2012, 60(5):
2552 – 2561.

[88] 刘迪迪,马丽纳,蒋明. 混合供电发射机的能量调度和自适应功率算法[J]. 北京邮
电大学学报, 2017, 40(6):104 – 108.

[89] LIU D D, LIN J M, WANG J Y, et al. Optimal transmission policies for energy
harvesting transmitter with hybrid energy source in fading wireless channel[J]. WSEAS
Transactions on Communications, 2015,14:131 – 139.

[90] ZENG Y, ZHANG R. Optimized training design for wireless energy transfer[J]. IEEE
Transactions on Communications, 2014, 63 (2):536 – 550.

[91] HWANG D, KIM D I, LEE T. Throughput maximization for multiuser MIMO wireless
powered communication networks [J]. IEEE Transactions on Wireless
Communications, 2017, 65(7): 5743 – 5748.

[92] YANG G, HO C K, ZHANG R, et al. Throughput optimization for massive MIMO
systems powered by wireless energy transfer [J]. IEEE Journal on Selected Areas in
Communications, 2015, 33 (8):1640 – 1650.

[93] GAO H,EJAZ W,JO M. Cooperative wireless energy harvesting and spectrum sharing in
5G networks[J]. IEEE Access, 2017, 4:3647 – 3658.

[94] GUO Y H, XU J, DUAN L, et al. Optimal energy and spectrum sharing for cooperative
cellular systems[C]. Sydney:Proc. IEEE ICC, 2014.

[95] ZHENG M, PAWELCZAK P, STA S, et al. Planning of cellular networks enhanced by
energy harvesting[J]. IEEE Communications Letters, 2013,17(6):1092 – 1095.

[96] CHIA Y K, SUN S, ZHANG R. Energy cooperation in cellular networks with renewable
powered base stations [J]. IEEE Transaction Wireless Communications, 2015, 13
(12): 6996 – 7010.

[97] GUO Y, PAN M, FANG Y. Optimal power management of residential customers in the
smart grid [J]. IEEE Transactions on Parallel & Distributed Systems, 2012, 23(9):

1593 – 1606.

［98］CAMMARANO A，PETRIOLI C，SPENZA D. Pro-Energy a novel energy prediction model for solar and wind energy-harvesting wireless sensor networks［C］. Las Vegas：IEEE International Conference on Mobile Ad – hoc & sensor systems，2012.

［99］刘迪迪,林基明,王俊义,等. 蜂窝网络中能量捕获基站的能量协作算法［J］.上海交通大学学报,2018. 52(3):365 – 372.